中公文庫

# 随筆草木志

牧野富太郎

JN009537

中央公論新社

## 目次

# 随筆草木志

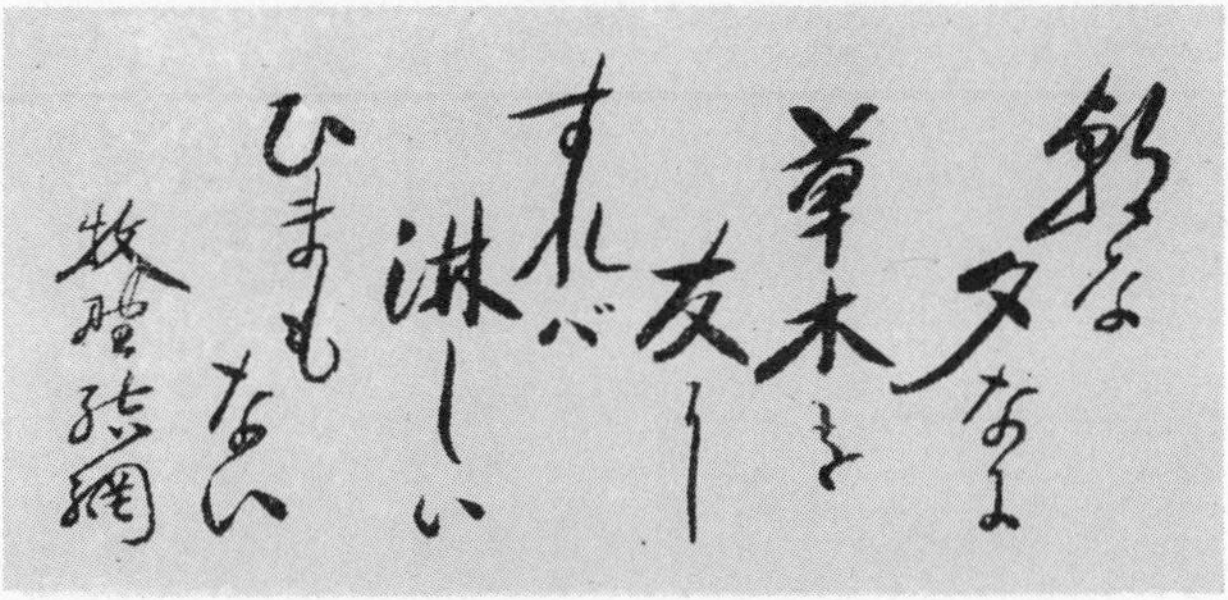

# 植物と心中する男

私は植物の愛人としてこの世に生まれきたように感じます。あるいは草木の精かも知れんと自分で自分を疑います。ハヽヽヽ。私は飯よりも女よりも好きなものは植物ですが、しかしその好きになった動機というものはじつのところそこに何にもありません。つまり生まれながらに好きであったのです。どうも不思議なことには、酒屋であった私の父も母も祖父も祖母も、また私の親族のうちにもだれひとり特に草木の嗜好者はありませんでした。私は幼い時からただなんとなしに草木が好きであったのです。私の町（土佐佐川町）の寺小屋、そして間もなく私の町の名教館という学校、それに次いで私の町の小学校へ通う時分よく町の上の山などへ行って植物に親しんだものです。すなわち植物に対しただ他愛もなく、趣味がありました。私は明治七年に入学した小学校が嫌になって半途で退学しました後は、学校という学校へは入学せずにいろいろの学問を独学自修しまして多くの年所を費しましたが、その間一貫して学んだ、というよりは遊んだのは植物の学でした。

しかし私はこれで立身しようの出世しようの名を揚げようの名誉を得ようのというような野心は今日でもそのとおりなんら抱いていなかった。ただ自然に草木が好きで、これが天稟《てんぴん》の性質であったもんですから、一心不乱にそれへそれへと進んでこの学ばかりはどんなことがあっても把握して棄てなかったものです。しかし別に師匠というものがなかったから、私は日夕天然の教場で学んだのです。それゆえ絶えず山野に出でて実地に植物を採集し、かつ観察しましたが、これが今日私の知識の集積なんです。

私が植物の分類の分野に立ちて絶えず植物種類の研究に没頭してそれから離れないのは、こうした経緯から来たものです、ちょうど忽々歳月人を待たずで私は今年七十二歳ですが、かく植物が好きなもんですから毎年よく諸方へ旅行しまして実地の研究を積んで、あえて別に飽きることを知りません。すなわちこうすることが私の道楽なんです。およそ六十年間くらいなんのわき目もふらずにやっております結果、その永い間に植物につきいろいろな「ファクト」をのみ込んではいますが決して決して成功したなどという大それた考えはしたことがありません。いつも書生気分でまだ足らない足らないとわが知識の未熟で不充分なのを痛切に感じています。それゆえわれは学者で候のと大きな顔をするのが大きらいで、私のこの気分は私に接するお方はだれでもそうお感じになるでしょう。少しくらい知識を持ったとてこれを宇宙の奥深いにくらぶればとても問題にならぬ程の小ささであるから、それはなんら鼻にかけて誇るには足りないはずのものなんです。ただ死ぬまで戦々兢々として一つでもよけいに知識の収得につとむればそれでよいわけです。

私は右のようなことで一生を終わるでしょう、つまり植物と心中を遂げるわけだ。このように植物が好きですから、私が明治二六年に大学に招かれて民間から入った後ひどく貧乏したときでもこの植物だけは勇猛にその研究を続けてきました。そのときはとても給料が少なく生活費、たくさんの子供（十三人出来）の教育費などで借金ができ、ときどき執達吏に見舞われましたが、私はいっこうに気にせず押えるだけは自由に押えていけと、その傍の机上で植物の記事などを書いていました。こんな事の昔はきょうの物語りとなったけれども、今だって私の給料は私の生活費には断然不足していますけれど、老身を提げての私の不断のかせぎによってこれを補い、まず前日のようなミジメなことはなく、辛うじてその間を抜けてはおります。私は経済上あまり恵まれぬこんな境遇におりましてもあえて天をも怨みません、また人をもとがめません。これはいわゆる天命で、私はこんな因果な生まれであると観念している次第です。

私は来る年も来る年も、左の手では貧乏と戦い右の手では学問と戦いました。その際そんなに貧乏していても、一時もその学問と離れなく、またそう気を腐らかさずに研究を続けておれたのは植物がとても好きであったからです。気のクシャクシャした時でも、これに対するともう何もかも忘れています。こんなことで私の健康も維持せられしたがって勇気も出たもんですから、その永い難局が切り抜けて来られたでしょう。そのうえ私は少しノンキな生まれですからいっこう平気で、とても神経衰弱なんかにはならないのです。私は幼い時から今でも酒と煙草とをのみませんので、したがってそんな物で気をまぎらすなんていうことはありませんでした。ある新聞に私を酒好きのように書いてありましたがそれはまったく誤りです。

前にも申しましたとおり私も古稀の齢と過ごしはしましたが、今のところ昔の伏波将軍のごとくきわめて健康で若い時とあまり変りはありません、いつか「眼もよい歯もよい足腰達者うんと働くここの御代に」と口吟しました。しかし何といったとて百までは生きないでしょう。植物の大先達伊藤圭介先生は九十九で逝かれた例もあれば、運よく行けば先生くらいまでには漕ぎつけ得るかも知れんと、マーそれを楽しみに勉強するサ。いま私には二つの大事業が残されていますので、これから先は万難を排してそれに向こうて突進し、おおいに土佐男子の意気を見せたいと力んでいます。いいふるした語ではあるが、精神一到何事不成とはいつになっても生命ある金言だと信じます。やア、くだらん漫談をお目にかけ恐縮しております。左に拙吟一首

朝な夕なに草木を友にすればさびしいひまない

## ウキクサ・マコモ

　そよそよと吹きくる涼風を顔に受けつつ、じっと池面を見渡してまずわが眼に入るものはうきくさである。あの小さき体をしたうきくさも繁殖して相集まれば、いつとはなしに水面を蔽いそこここに群れなして浮かび漂うている。それには根はあれども、ただそれを水中に垂れているだけで泥に定着していないから、うきくさの体は自由に水面を移動するのである。水面に風渡ればその風の吹く先々へ寄り集いあえて一所に定住することがない。

されば乙由《おつゆ》の詠んだ、

　浮き草やけさはあちらの岸に咲く

という俳句もあれば、また

　身を浮きくさの定めなき

などの文句もある。
　このうきくさに通常二種あって、その一つをうきくさ、他の一つをあおうきくさと称《とな》えるが、しかしうきくさの称はまたその総名として用いられる時もある。今これを漢名で書けば水萍また浮萍であるが、それを上のように二種に分かつと、うきくさが紫萍で、あおうきくさが青萍である。

この紫萍の方のうきくさは昔はかがみぐさ、たねなし、あるいはなきものぐさなどと称えて歌にも詠んだものである。小野小町の歌の

まかなくに何をたねとて浮き草の波のうね〳〵おひ茂るらむ

は種子を蒔かぬのになぜかくも水の面に盛んにできているだろうかといぶかったものだ。これはふつうの人々はだれでも小町と同感であろうと思うが、植物学者はさすがはそこは心得たものでこんな場合でもそうびっくりすることはない。すなわちそのわけを解りやすく言おうなら、それは次のようである。

あのうきくさの円い葉状体はあれは葉ではなくてじつは茎である、すなわち扁《ひら》たくなった茎である。それなら葉はどこにあるかというと、この植物にはその葉はほとんど発達しないでまず葉がないといっても差支えのないくらい不顕著なものである。あおうきくさの方はその全体が緑色であるが、うきくさ（なきものぐさ）の方は上面が緑色で、下面の水にもぐっている方は紅紫色である。小町の歌の品はこの方をいったものだが、この品は冬は水面には出ていないゆえに、冬の池面は鏡のようで何ものもない。しかるに春になると

そこにいつとはなしにうきくさが現われてくる。夏に入るとそれがますます繁殖して水面を蔽い、秋になっても夏と同様である。それから気候がだんだん寒くなって冬に入らんとする前になると、それが漸次に衰え日を経るままに再び水面に何ものも残さぬようになり、そのうきくさがいつどこへ行ったかいっこうに分からなくなる。それはどういう理由？

　右のうきくさは春、水面に出現するや否やすぐ新体を母体から芽立たせて分離を始め、分離また分離でその体を殖やし、これが春から始まって秋の末、冬の初めまで数ヶ月の間連続するがゆえに、一が二となり三となり十となり百となり千となって数限りもなくその数を加えゆく。その葉状体はいつも三、四片ぐらいずつ集まりつながって浮いており、その下には各片ともみな数条の根を垂れている。夏秋のころにはその体側にごく微小な花がたまに出で、したがって微細な種子ができるけれどもあまり小形なものゆえふつうの人々はだれもそれには気が付かない。この種子からも無論苗が生ずるわけなれど、その体を殖やしていくのは主としてそれが分けつして繁殖するによるのである。冬に入らんとすると日をおうて気候が寒くなるので、その生長が困難になる。そこで始めてその生命を翌年へ持越さす用意を始める。すなわちその浮いている体から最後に分れた一茎体はその比重が水より重い。しかしその母体がつながっている間は母体に連れられ共に浮いているが、一朝それと離れるが最後たちまち水底に沈んでそこの泥上に横たわる。この時その水底を覗くと、ちょうど小さき碁石形をなしたものがそこに静かに散在して眠っているのを見ることができる。この沈んでいる間が冬で、このときはその水面は綺麗でそこにはこのうきくさの姿はない。しかしあおうきくさにあっては沈むものきわめて少なく、その多くは冬も依然として水面に浮いているが、冬なるがゆえに夏よりはずっと衰えている。右の水底に沈んで冬眠している体は、年が春と回りて水の温むころになると一斉に眠りより醒めて前年の舞台なる水面に浮かび出で、さっそくに再び繁殖を始めそれからそれへと分家を増し、日をおうて水面をわがもの顔に占領してゆく。上のごとくその水底の体が水面に浮き出す理由は、それが水底にあるとき、時いたればその体中にガスが発生してそれを軽くするがためである。右のような訳がらが分かればしたがってうきくさの冬に見えぬ理由も、また小町の歌への解答もでき、かつうきくさについての常識的知識もできるというものである。

　あらかじめこの知識を用意しておいてつらつら水面の浮萍を眺むるとき、この蕞爾《さいじ》たる小草にも吾人は無限の感興を催すのである。かくのごとくして吾人がいずれの草木に対しても関心を持つようになれば、その吾人を楽しましむる上について吾人は一生を通じてまことに幸福であるといえる、草木は時を問わず処を選ばずいつでもどこでもあるものなれば随時これを楽しむことができるので娯楽の対象物としてこんな佳いものがまたとあろうか、これを楽しむにあえて金を要せず、またすこぶる俗悪醜怪ならず。心を優雅高尚にし愛憐の心も養うことができ、健康をも助け、一から十まで善いものづくしでその間あえて間然するところがないが、しかし何故に万人が万人すべてがこれを楽しむというほどに至らないのはどうしたものか、それは主としてこれに対して知識を欠きしたがって趣味が出ないでいる人が多いからである、そこで私はいつも世人に向うて多少でも草木の知識を貯えよと絶叫する、少しでも知識あればしたがって自ら趣味が生じ趣味が生ずれば知識もまた向上する、かく知識と趣味とが相待って互いに向上すればここにいずれの草木に対してもすこぶる面白い、永い一生の間草木に対して趣味を感ずればいかなる時でも心に寂寞を感じることはなかろう。いつも嘻々藹々の中に我身を置くことができるのは誰が考えてもこれは幸福なことではないか、今もしこの境地に入らんと希望する人があればまず第一番にはその草木の名を覚えることが必要である、それがその物に趣味を感ずる入門である、すなわち単にその名を知っただけでも早すでに多少の興味はある、その次にその草木についての種々の事柄を知れば興味さらに油然として生ぜん、今これを人間で喩うれば姓名を知らぬ人に対しては何の感じも起こらないがその姓名を知っていればしたがっていろいろなことを連想してはじめてそこに趣味が湧き出ずるが、草木のこともまた同様である。街路樹のプラタヌス或はチューリップツリーの名を知っても多少の興味は出るものである。

私はまた草木に愛を持つことによって人間愛を養うことができ得ると確信して疑わぬの

である、もしも私が日蓮ほどの偉らい物であったなら、きっと私は草木を本尊とする宗教を樹立して見せることができると思っている。私は今草木を無駄に枯れさすことをようしなくなった、また私は蟻一匹でも虫などを無駄に殺すことをようしなくなった、この慈悲的の心、すなわちその思いやりの心を私はなんで養い得たか、私は我が愛する草木でこれを培うた、また私は草木の栄枯盛衰を観て人生なるものをも解し得たと自信している。これほどまでも草木は人間の心事に役立つものであるのになぜ世人はこの至宝にあまり関心を払わないであろう？　私はこれを俗にいう「食わず嫌い」に帰したい、私は広く四方八方の世人に向うてまあウソと思って一たび味わって見て下さいと絶叫したい、私は決して嘘言は吐かぬ、どうかまずその肉の一臠《いちれん》を嘗《な》めて見て下さい。

　皆の人に思い遣りの心があれば世の中はじつに美しいことであろう。相互に喧嘩も起こらねば国と国との戦争も起こるまい。この思い遣りの心、むつかしくいえば博愛心、慈悲心、相愛心があれば世の中は必ずや静謐でその人々は必ずや無上の幸福に浴せん事ゆめゆめ疑いあるべからず。世のいろいろの宗教はいろいろの道をたどりてこれを世人に説いているがそれを私はあえて理窟をいわずにただ感情に訴えてこれを草木で養いたいというのが私の宗教心であり、また私の理想である。私は諸処の講演に臨む時は機会あるごとにいつもこの主意で学生等に訓話している。

また世人がなお草木に関心を持っていなければならないことはこれが国を富ます工業と大関係があるからである。日本の国は富まねばならぬ、今日世界の情勢を観、またわが邦の現状を見つむる者はわが国を富ますことは何よりも大急務であることを痛感するであろう。わが邦はこれから先ウント金が要る。国民はこのわが帝国を富ますことに大覚悟を持たねばならぬ、金は国力を張る一の片腕である、人間無手の勇気ばかりでは国は持てぬ、独立もできぬ。一方に燃ゆるがごとき愛国心と勇気、一方に山と積む金この二つの一を欠けば国が亡びる運命に遭遇する。そこでこの金を工業に隆盛にして拵える、その原料はこれを世界に需《もと》めそれを日本人の手によって製品化し、一は吾人の生活を改善安定し一はそれを世界の人間に供給して金を集むる。

その工業の原料の大切なる一は植物であることは識者を俟《ま》って知るのではない、その天産植物を利用するにはその植物に関心を持ちその知識のある人が多くなればなるほど効果が挙がり結果が良いわけだ、未知の原料は世界に多い、植物に知識あるものはそれを捜がし出し易い、すなわち新原料が出て来るのである。一般の国民が植物に対して多少でも知識があればその新原料は続々と急速度に見付かることであろう。この点から見ても一般の国民にこの方面の知識を普及させておくのは真に国家のために必要である。私は世人に始めは趣味を感ぜさせることから進んで次にその知識を得させ、そしてこのような国民を駆ってその有用原料を見付けるに血眼《ちまなこ》にならしめたい。学校で植物学を教えるにも先生はこんな道理をも織り込んで他日必ずや日本帝国の中堅となるべき今日の寧馨児《ねいけいじ》を教育せられんことを国家のために切望する。

右は止《や》むに止まれぬ大和魂の迸りであった、それがため肝腎の草木それ自身の話を忘れていたからまた元へ戻って今一くさり涼しい水草の話をする。

千頃一碧の湖、海に近き緩流の河、田間を縫う溝瀆《こうとく》、そこにはまこも、すなわち菰《こも》が一杯だ、初夏のまこもその葉はまだ新しい緑でそれが相薄って水面に立ち繁茂また繁茂、見渡す限りそれの群落である。涼風一たび到れば葉々相摩しその音が耳を掠《かす》み水郷には無くてならない附きものの禾本《かほん》である。

彼のしおらしいあやめがこのまこもの中に咲くという有名な「潮来出島のまこもの中であやめ咲くとはしおらしや」という潮来節の俚謡《りよう》はまことに優しい佳い調子ではあれど、じつは実際から観察して見れば事実矛盾の謡である。それはナゼ、今日の人のいうあやめ、あの紫の花の咲くイリス属のあやめ、あれは決して水には生えぬ、したがって、この水草なるまこもの中には咲きやしない。それならそれを昔のあやめ（今日のしょうぶ）として見てはどうだ。そうするとあやめの名もよく又水に生える点もよいがしかしこの品にはしおらしい花が咲かない、ソラ！　しおらしい花のあやめはまこもの中には生えずまこもの中に生えるあやめ（昔の名の）はその花しおらしからず、かく実際から観るとちょっと困った謡でしょうがね。

まこもは昔は単にこもと呼んだそれが本当こもだから真菰の意でまこもと呼ぶのだ。この葉で粽《ちまき》を巻くからまたちまきぐさの名がある。また昔からかつみともいったが今日でも処によっては昔のままそう謂っている。花がつみとは花を生ずるかつみすなわちまこもの意であるに拘わらず、これをかの花しょうぶの原種のはなしょうぶだというのは悪い。

まこもは春、水底の泥中に走る太い地下茎から、芽立つがその嫩《わか》い芽を食用にするところがある。これを菰筍と称える、その葉中の新茎をウスチラゴ、エスクレンタと称する一種の菌類が犯して秋に太き棒のようになり長さ七、八寸ばかりで白く、これを支那や台湾辺では野菜として煮て食用にするので八百屋に売っている、茭白というものがこれでわが邦ではこもづの（菰角の意）と称えた、しかしわが邦内地ではこれを生ずることは稀である。日を歴《へ》ると中の胞子が成熟して黒き粉となる。これをまこもずみといいこの粉を油又は蠟に入れて女の頭や首の禿に塗ったもんだ。

夏秋の候となると葉中から高く梗《こう》を抽いて大なる花穂を出し多く分枝して多数の花を着ける、下の方に雄花が咲き上の方に雌花が咲き雌花は花後早く実を結び下の雄花がなお咲き残っているのに梢の実は既に熟して落下する。この穀粒を菰米と称し食用となるので昔は病人の食に供したとのことである。昔からまこもには実の生《な》るまこもと生らぬまこもとがあると唱えたが、それはいわゆる認識不足でまこもはいずれでも花が咲けば実のできるものである。これは昔は岩代の安積《あさか》の沼の名物で彼の「みちのくのあさかの沼の花がつみかつみる人に恋やわたらん」と詠ぜられたものである。

水郷の水草なお多けれどここに擱筆する。

朝夕に草木を吾の友とせば
　心淋しき折ふしもなし

## アケビ

野山へ行くとあけびというものに出会う。秋の景物の一つでそれが秋になって一番目につくのは、食われる果実がその時期に熟するからである。田舎の子供は栗の笑うこの時分によく山に行き、かつて見覚えおいた藪でこれを採り嬉々として喜び食っている。東京付近で言えば、かの筑波山とか高尾山とかへ行けば、その季節には必ず山路でその地の人が山採りのその実を売っている。実の形が太く色が人眼をひく紫なものであるから、通る人にはだれにも気が付く。都会の人々には珍しいのでおみやげに買っていく。

紫の皮の中に軟らかい白い果肉があって甘く佳い味である。だが肉中にたくさんな黒い種子があって、食う時それがすこぶる煩わしい。

中の果肉を食ったあとの果皮、それは厚ぼったい柔らかな皮、この皮を捨てるのは勿体ないとでも思ったのか、ところによればこれを油でいため、それへ味をつけて食膳に供する。昨年の秋箱根芦の湯の旅館紀伊の国屋でそうして味わわせてくれた。すこぶる風流な感じがした。

今日でもそうかも知らんが、今からおよそ百年ほど前にはその実の皮を薬材として薬屋で売っていた。それは肉袋子という面白い名で。

そこで右のあけびの実だが、その実の形は短い瓜のようで、熟すると図に見るようにその厚い果皮が一方縦に開裂する。始めは少し開くが後にだんだんと広く開いてきて、大いに口を開ける。その口を開けたのに向かってじいっとこれを見つめていると、にいっとせねばならぬ感じが起こってくる。その形がいかにもウーメンのあれに似ている。その形の相似でだれもすぐそう感ずるものと見え、とっくの昔にこのものを山女とも山姫ともいったのだ。なお古くはこれを⿱艹開と称した。すなわちその字を組立った開は女のあれを指したもので、今日でも国によるとあれをおかい又はおかいすと呼んでいる。これはたぶん古くからの言葉であろう。そしてこの植物は草である（じつは草ではなく蔓になっている灌木の藤本だけれど）というので開の上へ草冠を添えたものである。こんなあだ姿をしたこの実から始めてあ

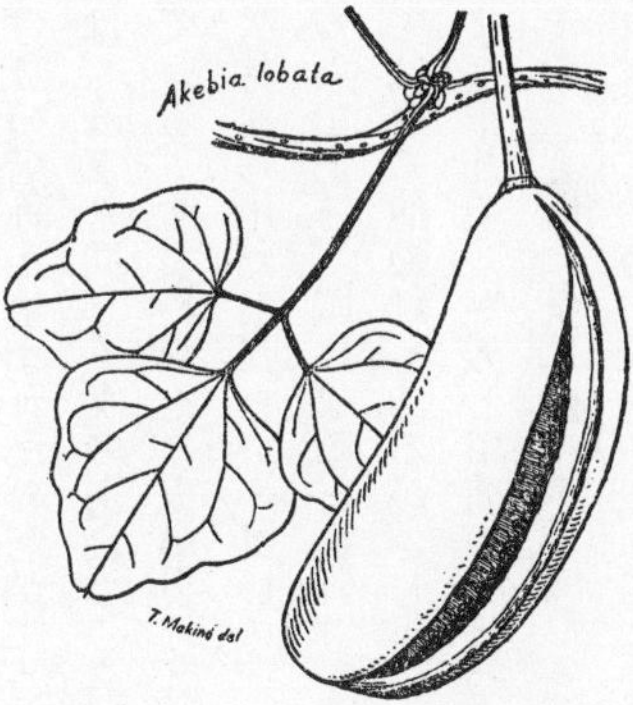

けびの名称が生まれたのだが、このあけびはすなわちあけつびの縮まったもので、つびとは、ほどと同じく女のあれの一名である。しかし人によってあけびは開肉から来たと唱えている。すなわちその実が裂けて中の肉を露わすからだといい、また人によってあけびは欠伸《あくび》から出た名だといっている。すなわちその実の裂け開いたのを欠伸口を開くに例えたものである。国によるとあけびをあくびと呼んでいる所がある。なおあけびの語原についてはその他の説もあるが、しかし上の開肉の説も欠伸の説もなにもまずいことはないがあまり平凡で、かえって前の開けつびの方が趣があって面白く、また理窟にも叶っている。そのうえ既に昔に⿱艹⿵門肉の字を書いたりまた山女、山姫の字を用いたりしたところをもってみれば、この方の説を主張してもまんざら悪いこともなかろうと思う。あけびを一つにおめかずらと称え、またおかめかずらと呼ぶのもけだし女に関係を持たせた名であろう。

右のように、元来あけびは実の名であるがそれが後には植物を呼ぶようになっている。しかし本当はその植物を指す場合にはすべからく、あけびかずらというべきである、この称呼は既に古からあったのである。

あけびの実はなかなかに風情のあるものであるから、俳人も歌よみもみなこれを見逃さなかった。昔の連歌に山女（あけび）を見て「けふ見れば山の女ぞあそびける野のおきなをぞやらむとおもふに」と詠んでいる。この「野のおきな」はところすなわちよく野老と書いてある蔓草の根（地下茎）をいったものである。また「いが栗は心よわくぞ落ちにけるこの山姫のゑめる顔みて」とよめる歌の返しに「いが栗は君がこころにならひてや此山姫のゑむに落つらん」というのがある。すなわち山姫はあけびを指したものである。また山女と題して「ますらをがつま木にあけびさし添へて暮ればかへる大原の里」の歌もある。また俳句もかずかずあるがその中に子規のよんだのに「老僧にあけびを貰ふ暇乞」がある。露月の句に「あけび藪へわれより先に小鳥かな」があり、李圃の句に「ひよどりの行く方見れば山女かな」がある。また箕白の句に「あけび蔓引けば葉の降る秋の晴」、蝶衣の句に「山の幸その一にあけび読れけり」がある。また「口あけてはらわた見せるあけびかな」という句があった。これは自分の拙吟だが「なるほどと眺め入ったるあけび哉」、「女客あけびの前で横を向き」これはどうだと友達に見せたら、そりゃー川柳へ入れたらよかろうと笑われた。

わが日本にはふつうあけびに二種（いま別にあいの子の一種があれど）あって、一般にはこれらを通じてあけびといっている。今日の植物学界ではその中の五葉のものを単にあけびと称え、他の三葉のものをみつばあけびと呼び、かようにそれを二種に区別している。

右のあけびもみつばあけびも植物学上からいえば、共にその蔓が左巻きをしている纏《てん》繞《じょう》藤本で、すなわち灌木が蔓を成したもので、それはふじなどと同格である。葉は冬月落ち散り、掌状複葉で長き葉柄を具えて互生し、花は四月頃に房をなし雄花雌花が同じ穂上に咲き、花には紫色の三萼片《がくへん》のみあって花弁はなく、雄花には雄蕊《おしべ》があり雌花には雌蕊《めしべ》があって、この雌花は雄花より形が大きく、かつ花の数が少ない。

果実はみつばあけびの方がその皮の紫が美麗でかつ形が大きく、食用にはこの方がよい。

市中に売っているあけびの「バスケット」はどのあけびで作るか。通常これをあけびの「バスケット」というもんだから、それをふつうのあけびで作ると思っている者が多かろう。植物専門の博士でさえそう思い違いをして、これを書物に書いた滑稽があった。しかしこの「バスケット」を作るあけびはまったくみつばあけびで、ふつうのあけびは用いない。みつばあけびはその茎の本からきわめて細長い枝が発出して、それが地面を這って延びているので、それを採り来たり皮を剝いで「バスケット」に製する。ふつうのあけびにはこの細長き枝蔓が出ないから問題にならぬ。わが邦東北の諸国にてあけびといえば、そこに多いこのみつばあけびのみで、そこでは単にあけびと称える。ゆえに主として東北地方から産出するその「バスケット」を、あけびの「バスケット」と呼ぶのも無理はない。

ふつうのあけびの芽だちの茎と嫩《わか》き葉とを採り、ゆでてひたし物とし食用にする。これを蒸し乾かしお茶にして飲用する。山城の鞍馬山の名物なる木の芽漬はこの嫩葉を忍冬《すいかずら》の葉とまぜて漬けたものである。

従来わが邦の学者は、わがあけびを支那の通草一名木通に当てていた。ゆえにあけびが薬用植物の一つになっていた。しかるに近頃の研究では、右の通草すなわち木通はあけびではないということになったので、そこであけびが果して薬になるかどうかということが分からなくなってしまった。

ここに面白いことは、このあけびの学問上の属名をあけびあ、すなわちAkebiaということである。これは無論日本名のあけびを基として作られた世界共通の属名である。そしてその中のあけびをばAkebia quinataと称し、みつばあけびをばAkebia lobataと称する。これは学問上の通称で、この名であれば世界中の学者にはだれにでも通ずる。学問上にはどの植物にもこんな公称があって学者はこれを使用しているのである。あまり長くなるのであけびの件これで打ち止め。

# ちょっと『大言海』を覗いてみる

## 和漢洋を打って一丸とす

例の大槻文彦博士の著『大言海』第二巻第二四一頁に左のとおり書いてある。

こかのき（名）古柯樹〔こかハ、英語、Coca〕樹ノ名、幹ノ高サ六尺余、葉ハ、長楕円形ニシテ、全縁ナリ、花ハ、小サク、淡黄色ニシテ、単性、雌雄、株ヲ異ニシ、初夏ニ、花開キ、晩秋ニ、実、熟ス、南亜米利加洲、べる国ノ産ナリ、葉ハ、古柯葉ト称シテ、薬用ニ供セラレ、実ヨリ蠟ヲ採ルヲ、こからふト云ふ。天竺桂。

これである、今この文章でみると古柯の実からは「こかろう」という蠟が採れ、かつ古柯には天竺桂という漢字があることになるが、天下あにそんなこへんなことあらんやで、大槻老先生はこの一記事を草せらるるときおそらく寝不足かなんかで、あるいはおつむりがぼーっとなっておられたではなかったかと想像するよりほか、なんとも考えようがない。

あるいはひょっとしたらあまり力のない助手君どもが、なまはんかな知識を振り廻してお手伝いして書いたものでがなあったろうか。すなわちこの記事ではその古柯は西洋、その「こかろう」（こか蠟）は日本、その天竺桂は支那とこの三つの合作であって、こんな失体が今日この「スタンダード」の最新辞典にあらんとはまったく吾人の思い設けぬところで、なんとしてもわれらはわが眼を疑わざるを得ないのである。

　わが邦従来の学者は支那の天竺桂をくすのき科のやぶにくけいにあて（じつは当たっていないけれども）、このやぶにくけいは国によりこがのきと称する。すなわちこの樹にこのごとくこがのきの名があるのを見て、これを軽率にもさっそく古柯のところへ持って行って竹に木を継いだものである。そしてこのやぶにくけいの実から蠟が採れるがそれがすなわち蠟燭を造るこが蠟で、これもその名の類似によって造作もなく古柯のところに引き据えられた。しかるがゆえに上の古柯の記事の末文が「実より蠟を採るを、こからふと云ふ。天竺桂」となったものだが、この句は容赦なくそれより引きおろして抹殺し去るべきものであることをこの辞書使用者はよく心得おくべきである。なおこのうえに古柯の花は「単性、雌雄、株を異にし」と書いてあるのもたいへんな間違いであってこの植物の花はまったく両性で一花の中に雌雄の両蕊を兼ね備えている。

　私はこのめでたき好辞書の中にこんな奇想天外的な誤謬のあることを、ほんまに惜しまざるを得ないのである。

## 食物を盛った御菜葉

いまもう一つ『大言海』の記事を的に、ひょうと一矢を放ってみる。すなわちそれは御菜葉についてである。これに関して『大言海』の第二巻第二七六頁には、

ごさいば（名）御菜葉〔葉ニ、菜ヲ盛ルニ用キル由ナリ、桐ノ葉ニ似タリ〕莔麻ノ異名。倭訓栞、後編、ごさいば「御菜葉ノ義、菜ヲ盛ルベキヲ、莔麻ヲモ称セリ」

と、これんばかり出ている。私は今これを見てこの『大』の字を冠せる『言海』に対しすこぶるもの足らぬ感じがする。なんとならば実際ごさいばにつきこればかりの記事ではよくそのものを表現していなく遺憾な点があるからである。

ごさいばすなわち御菜葉の主品はなんであるかと言うとそれは疑いもなくあかめがしわであらねばならぬ。あかめがしわとはすなわちたかとうだい科の落葉小喬木で邦内諸国の山野に最もふつうな植物である。

従来わが邦の学者はこれを支那の梓にあてていれども、これは最も非で、この梓は元来わが日本にはない樹種でただ支那のみに産し、Catalpa Bungei の学名を有するものである。わが邦人昔からこの梓をあずさと訓ずれども、これももとより誤りであずさはまったく別

の樹であること今日はきわめて明瞭となっているにかかわらず、世間ではなおその真実を知らぬ人が多く、『大言海』なども依然として誤った旧説を掲げている。

昔時は食物を盛るに種々な木の葉を利用したがそれがすなわちかしわである。このかしわの名はそれらの総称で、すなわち食物を載せ盛る葉はなんでもかしわであったのである。今日でも国によってはその葉にいろいろの物を包む。かのほおのきも古くはこれをほおがしわといわれた。今日ではかの樹が、ひとりかしわの名を専有していれども、昔は上述のとおりもっと大きな汎称であった。そしていろいろの葉を用いたあまり、ときには食物を盛るにしいの木の葉までも使用したとみえて、かの「家にあらば笥《け》にもる飯を草枕、旅にしあれば椎の葉にもる」の歌さえもある（枝付きの椎の葉を敷きその上に握った飯なら充分に載せることができる。それはちょうど油揚げの豆腐などをひのきの葉の上に載せるごとくに、たいていの人が椎の葉一枚へ飯を載せると解するからしたがってその間にとかくの議論を生ずる）。

さてかしわの語原については「炊ぎ葉」の約せられたものではないかともいわれ、また「堅し葉」のつづまったものだともいわれている。葉に食物を盛るので、そこで食膳の料理をつかさどる人すなわち膳夫をかしわでと称するにいたった。

右のごとく使用せらるる種々の葉の中で一番ふつうに使われたのが、けだしあかめがしわの葉であろう。それはこの木がもっともふつうに吾人の周囲すなわち手近にあるからである。その葉が広く用いられた結果、今日でもなおかしわの名が存して、あかめがしわだのあかがしわだのまたかわらがしわだのと上へ赤芽、赤、または河原なる形容詞が加わりて、名まえ面が変わって現存しているわけだ。そしてある地方にあっては田を祭る時、このあかめがしわの葉に白米を盛って供え、またときにある神社では、神前への御供えにやはりこの葉に食物を載せる式がある。すなわちこれらは古昔最もふつうにこのあかめがしわの葉が民族間に用いられた習慣が、なお今日に遺っているものである。ごさいばは菜を盛るので御菜葉であり、またの名さいもりばは同じく菜を盛るので菜盛り葉である。ところによるとこれにすしいばの名がある。すなわち鮨柴で鮨を載せ包むからそう名づけたもので、こうするとその葉の匂いが鮨に移ってうまいといわるる。

元来ごさいばすなわち御菜葉の題下には、よろしく前述あかめがしわについての事実を主体として書くべきであるのにかかわらず、『大言海』ではこれを閑却してただわずかにいちびの莔麻《ボウマ》一つを主体として、ごさいばすなわち御菜葉をそのいちびの「異名」だといっているにすぎない。ただしそこに引用してある『倭訓栞』の後編の文章には、「莔麻をも称せり」とあるからひとり『倭訓栞』の著者（谷川士清）のみにはこの莔麻のほかになおごさいばなる何物かがあることが判っていたであろうが、しかし同書の他の部分には別にございばについての記事は見当たらないから、それがはたして何物であるかは今にわかに判断ができぬのである。

右のいちびと称するあおい科植物の莔麻にも『和訓栞』にあるごとく、同じくございばの名はあれども、しかしこの植物はたまに人家に作ってある外来の草で、わが日本人が古昔から一般に広くその葉に食物を載せたといわるる御菜葉そのものではないのである。畢竟これは普通のものでなく、ある地方でときにその葉を利用して食物を盛り、これをございばと称えた小区域の一時的のものにすぎない。それゆえこの莔麻にたとえございばの一地方的方言があるとしてもそれは決してあまり重要なものではない。『大言海』には前述のとおり、この軽き莔麻の御菜葉のみを挙げて、かの重きあかめがしわの御菜葉を書き落としているのは、辞書の使命から考えても決してその役目を全うしたものとはいえないのである。

私は『大言海』の編纂に昼夜心血を注がれた著者大槻先生の御存命中に、これらのことを言い先生のお耳に入れたかったが、今は詮ないことである。

## 日本のえびねについて述ぶ

日本は地温帯に位し植物にははなはだ富めり。しかしてらん科に属するものもまた少なからずといえども、これを熱帯産のらん族諸種に比すればその花の見るべきもの概して多からず。しかれどももまた自ら趣味を含むもののなきに非ざるをもってこれを採りて園芸植物になすも、自ら価値のその間に存すべきものあらん。かんらん属、なごらん、ふうらん、しらん、がんぜきらん、えびね等のごときはすでに園芸植物として世人の栽植するところなり。しかるに世人がらん類諸花の上に起こるべき昆虫との関係ならびにこれによりて起こりたる花形の奇態等の事実を知悉するにいたれば、わが邦所産のらん類別に奇品珍種はなしといえども今よりは一層の愛顧を受くべし。しかれども学問の進度いまだ幼稚なるをもって、らん類を栽植する人もいまだ必ずしもこの理を知るにいたらず、ゆえに自然これを愛するの情に薄し。かんらん、ふうらん等を除くのほかはただ洋人らん類を好むの状あるを見聞し、いたずらにこれに付加してしいて愛蘭説を唱うるにすぎず。もしも世人が前

述のごとくらん花類と昆虫との関係を知るにいたれば、この奇状あるがために今よりいっそうこれを愛するの熱情を発起するにいたるべし。その時こそ日本のらん類も奇花異品は別になくともはじめてあまねく世人の愛顧を受くべき時のいたれるなりというべきなり。

えびね属（Calanthe）は主としてアジア熱帯地の産にして種数およそ四十に下らず、日本に産するものまた数種ありて所々に自生するを見る。共にその培養は困難のものにあらずと信ず。しかしてその花態これを日本産の他のらん類に比すればむしろ美なりといわざるべからず。ことにりゅうきゅうえびねのごとき、又きえびねのごときはわが邦のえびね類中にありては他の諸品に優れり。今左にその諸種を略述せん。

**りゅうきゅうえびね**（Calanthe Japonica.）またくわらんという暖地の産なり。九州あるいはこれを産するあるか。花色に紅と白と紫との三品あり。北地にありては冬月これを温室に入れて擁護すべしといえり。

**えびね**（Calanthe discolor.）これ最もふつうのも

のにして諸所に自生す。東京近郊またこれが自生を見る。花色種々なれども花弁の色濁紫にして牌弁の色淡紅紫のものをもっともふつうのものとす。この変種にきんせいらん（C. discolor. var. viridialba.）あり、花色黄緑色なり。

**きえびね**（Calanthe striata var. Sieboldi.）花色純黄にしてすこぶる美なり。尋常のえびねと区別すべきの点はじつに僅微なれども、花はこれに比すれば豊富にしてかつ大なり。培品としては最も価値あり。またこれと同種にして花は黄質なれども花弁の外面茶褐色を帯びたるものあり。西南地方に見ること常なり。これをCalanthe striata var. bicolor. という。

**きそえびね**（Calanthe Textori ?）花は白質にして淡紫を帯ぶ。西南暖地にこれを見る。

**さるめんえびね**（Calanthe tricarinata.）花状の奇なるは他に秀ず。これその牌弁広くして懸け垂れ褐紫色にしてかつ褶襞《しゅうへき》あればなり。花弁の色は黄緑色なり。この種は日本を通じてこれあり。北海道のものは牌弁大ならず。

**なつえびね**（Calanthe reflexa.）六月頃開花す。花は紫色にして淡白愛すべし。花弁背向するによりて花形ここに奇状を呈す。葉は他種より皺多くかつ緑色少しく白けおれり。この種は他に比して培養やや困難なり。

以上はわが邦所産のえびね属なれども、西南琉球地方を捜索せばまた他の品種を得ること必ずこれあらん。園芸熱心家は新園芸植物採集として、ちとこれらの地に赴きてはいかが。

およそ植物は自生のままに花の美かつ大なるものはむしろ少なし。これを栽培してここにはじめて大なる花を得べきなれ、美なる花も得べきなれ。今このえびねもよくこれを培養せば今よりいっそう価値ある花を出さんこと必せり。ただ自生のままを瞥見して直ちにその花の価値を判断し去り、これを培養すれば美花となるべき草木も棄ててこれを顧みざるは真の園芸家というべからず。わが邦は植物には富めり。学識ある園芸家ありて各所にこれを捜索し、これを培養して新園芸植物を作らばその利益尠少《せんしょう》にあらざるべし。園芸家諸君これを忽諸《こっしょ》に付せば高山の巓深谷の底、たちまち哭声の起るあらん。これ何の声ぞ、後来新たに顔を開かんとする草木の時に逢着せずして空しく伯楽の過らざるを悲しむの声のみ呵々《かか》。

# わが植物園の植物

予は生まれて何に感じたでもなく、また親よりの遺伝でもなく、自然に草木が好きであった。野や山に種々の草木を閲するうちに、これらの草木を栽え付けたる一つの植物園ができた。年を経るにしたがいて先祖代々よりの財産もこの園の経営のために入れあげてしまい、家も倉も人手に渡し、身はきのうまでの旦那様にひきかえて着のみ着のままの素寒《すかん》貧《ぴん》になってもいっこうにそんなことに頓着なく、また世人の嘲笑をもあまんじて、ひたすらこの植物園の経営につくした。このごとくするうちに日に月にその栽えたる草木の数が殖えてきたがその間、幸いに一度も荒廃に帰せしことはなかった。しかしこれを維持しかつ盛大ならしむるについて、種々惨憺たることには出会ったが、天は幸いに園主の微衷を憐れんでくれたものかその際には幸いに義侠な人々があって、その困難を救ってくれたことがあり、またその盛大になるべき経営をたすけてくれた人があって、幸いに今日までこの園を維持し来たり、今日ではまず既に幾千の植物の栽え付けを終わった。そこで園主は一つは日本国民の分として、また一つは右義侠の人々の高誼に対し、この植物園をして斯《し》学《がく》のためにいささかにても功績あらしめたいとの切なる希望よりして、日夜そのことに肝胆を砕いて苦心しているが、さて世の中のことは万事思うようにならぬのが常であるから、園主の心にそうように都合よく行くか行かぬか、その辺のことは只今ではとんとあい分からぬ。万一非常に深厚なる低気圧が天の一方に現われて、狂風暴風を駆り来たり、この園を蹂躙し去り、取りかえしのつかぬ惨状を呈し、ために荒廃に帰するようのことでもあったら園主多年の苦心はここにその降り来る雨の水の泡となって消え去り、その失望のあまり園主の健康はともかくも害せらるることとなろう。このごとき悲惨なる終りを告げるほどこの植物園が不幸の運命を有しておるかおらざるかは、一寸先は闇であってまさにそのときの来るまでは神のほかはあらかじめ知る人もあるまいが、今のところでは園主は前途を占して一喜一憂の間に彷徨しつつあるのである。この植物園は始め土佐の国の一隅に建設せられたるが、とっくに移して今は東京にあり、園の広さは方わずか二三寸の間に横たわりおるが、不思議にも幾千の草木がその構内に栽え付けられて繁茂し、まだいくらでも栽えられる地を存している。今その中よりいくつかの草木を選出して「そんな不思議な植物園がどこにあるものか」と疑わるるお方にその品種を告げまいらせんと言うは、その園主なる牧野富太郎という変人である。

## からふとそう

かつて上述のわが植物園に栽えられたる一種の珍草がある。そは今回わが忠勇なる軍隊によりて征服したるわが旧領土樺太州に産し、まだ他の地方には知られぬ品である。彼のしゅろそう、あおやぎそう、ばいけいそう、及びりしりそうなどと近き縁を有して、同じくゆり科に属している。かつて敵国なるロシアのシュミット氏が西暦千八百六十八年、すなわち今より三十七年前に著わしたる『樺太植物誌』に始めて図説せられ、ステナンチュム・サカリネンセ（Stenanthium sachalinense *Fr. Schm.*）の学名が下されてある。まだ和名の呼ぶべきものがないので、今回からふとそうと新称した。今その形状を略記すれば下のごとくである。全草高七〜九寸、多年生草本にして彷彿きわめて痩せたるあおやぎそうの態がある。根は鬚状にて、茎は地中にあり植物学上のいわゆる有皮鱗茎をなし、ねぎなどと同じ形態を呈している。葉は二、三枚地上に出で鋭尖頭をなせる線形にして、花茎すなわち葶より短くおよそ四、五寸の長がある。花茎は直立して枝なく、一片の鱗状葉を途中に着け、茎頭に点頭せる三〜五花を着けたる総状花をなし、小梗は上向し、小梗本の苞は小梗より長く、辺縁に色を有している。花は直径五分ばかりあり、雌雄両蕊を具えたる両性花であって、雄蕊は四個あり花蓋六片開展せずして半開し、ほぼ鐘状をなし各片披針状にして鋭尖頭を有し、上部やや反曲して色彩があり、片面にはりしりそう、しゅろそう、あおやぎそう等に見るがごとき腺がない。これはなはだ注意すべき点であってこの属がしゅろそう属やりしりそう属と分るる主徴である。しかして各片の下部は子房と合体している。子房は痩せ長き「ピラミット」状をなして直立し三室に分れている。花柱《かちゅう》は三本あって中央より反曲している。果実はいわゆる蒴《さく》をなして直立し、宿存せる花蓋とほとんど同長で、毎室に五ないし八顆の種子がある。種子は披針形で翼があり、この翼は種子の頭部の方へ余計に張出している。

この植物の学名がよくりしりそうと間違えられているけれども、りしりそうのはジガデヌス・ジャポニクス（Zygadenus Japonicus *Makino*）でなければならぬ。

## 日本のむぎらん属植物

むぎらん属すなわちブルボフィルム属（Bulbophyllum）はらん科のせきこく族に属しアジア、アフリカの熱帯地方に多くまた少しは南アメリカならびに濠洲の地にも見らるる品種を含みたる一属である。本属にはおよそ八十種程の種を含みおるが、わが日本では今日のところただ下の二種のみ世に知られている。ともに日本の中部より南部の諸州にかけてこれを産し、いわゆる付託植物（付着植物ともいう）をなして樹上あるいは岩面に付着して生活し、全体は小形にしてその葉は冬を凌いで枯れず、また花は小形隠微にして顕著のものではなけれども、その全草の形貌がすこぶる非凡であるうえに小形にして可憐であるゆえ、すこぶる園芸家に珍重せられおるが、しかしその培養が存外むつかしいのでその繁茂が思うようにゆきかねます。もっとも元来が付托植物であるゆえ、その所在の空気中の湿気が適当であったならきっと良結果を見るであろうと思うのです。日本では樹上に付着しているが、また岩面にも生ずるところがある。ところによるとさかんに繁茂してほとんどその付托せる樹なり岩なりを密に覆うていることがある。その生活しつつある場所は日蔭となりおるところであるが、しかしひどく陰暗なるところには生じていない。根茎は匍《ほ》匐《ふく》して延長せる糸状をなし、鬚根がこれより発生されて樹面もしくは岩面に緊着している。卵円形あるいは長楕円形の小なる球状茎が粒の形をなし、小距離を隔てて根茎の上に並んでいる。この球状茎の頂に各一片の葉がある。葉は楕円形あるいは長楕円形をなし上端は鈍頭である。下部は狭窄してついに短き葉柄となりおる。硬くして革質をなし、色は深緑にして辺縁多少反曲し三つの脈がある。長きものは一寸に達する。花は五、六月頃に開きおよそ一分くらいの径がある。淡緑色にして半開状をなし、細小隠微にして葉にかくれている。いつ花がしぼんだやら見過ごすほどの顕著ならぬものである。花梗は前年の球状茎に接して根茎より出で、三、四片の苞と一個もしくは二個の花を有しその長さは球状茎と同一である。苞は広くして質薄く、上方のものは少しずつ隔たっておる。萼は上部のものは卵円形、側部のものはこれより大にして楕円形をなし、共に三つの脈がある。湿気に人は通常あまり気をかけぬけれども、これを考慮するははなはだ肝要なることにて、このごとき付托性の蘭を培養せらるるお方はぜひこの点に向こうて大いに注意を払わねばなりませぬ。これは温室内の蘭の培養法を見てもすぐ分かります。すなわちただに彼らに温度を与うるのみならず、これと同時に湿気を充分かれに供給せねばならぬのではありませんか。ブルボフィルム（Bulbophyllum）属はその字面が示すごとく球をなせる茎（植物学上にてこれを偽鱗茎すなわち Psevdobulb という）の上に葉を有すること、下に示すむぎらんのごとくなるによりこの属名を得たるものであるが、しかし次のまめらんのごとくその球状茎がないものもないではない。

### (1)　**むぎらん**

この蘭は日本の中部より南部にかけて諸州に珍しからぬ一品である。東京の近地にては房州相州にその産地がある。房州の清澄山はこの植物のまず北限の産地ならんと思う。しかしこれより北にあるとしたところであまり飛び離れて遠くにあるのではあるまい。株は樹上に付着、花弁は卵状三角形にして上部の萼片よりかすかに長く辺縁毛のごとく細裂しておる。牌片は花弁と同長で鋭尖頭ある卵形である。下は延出せる蕊柱の脚と接合しており、この脚はあたかも牌片の柄のようになりおる。子房は植物学上のいわゆる下位子房にてこの蘭のものは他の多くの蘭に見るごとくねじれておらぬ。それゆえその花の向きが正しくなりおりて、他のものと反対の姿勢を呈しておる。すなわちその牌片は外に向かわずして内方に向こうておる。この子房は花後熟して楕円形の蒴果《さっか》となり、二分くらいの長さを有する。種子は細微にして鋸屑状をなし、蒴が開裂したときたくさんに溢れ出ずること他の一般の蘭と同じである。

この蘭の花はよく自家授精を営むのである。

この蘭の花は上述のごとく隠微で見るに足らぬが、その硬質の葉とその麦粒状の球状茎とは大いにこの植物を超凡に見さす標識である。この麦粒状の球状茎があるからしてむぎらんの名が出たので、学名はブルボフィルム・インコンスピクウム（Bulbophyllum inconspicuum *Maxim.*）である。この学名は西暦千八百八十六年すなわち明治十九年に、露国の植物学者マキシモウィッチ氏の公にせしところである。

### ⑵ **まめらん**

まめらんの名は文政八年出版の水谷豊文氏著の『物品識名拾遺』に出ているによりこの時代の本草家には既に知られていたことが分かる。まめづたらんの名は当時理科大学の助教授たりし大久保利三郎君の下したるものにして、その図説が明治二十二年二月出版の

『植物学雑誌』第一巻第一号に出ている。今日ではこの品はあえて珍しく感ぜぬが、右雑誌発刊の当時明治二十二年頃にあっては珍しき蘭の一つであった。またその学名のブルボフィルム・ドリモグロッスム（Bulbophyllum Drymoglossum *Maxim.*）もその時分にできた名で、その命名者は前品むぎらんと同じく露国のマキシモウィッチ氏であった。この種名のドリモグロッスムは羊歯《しだ》類のまめづた属のことである。まめらんの葉やその全体の様子がまめづたに似ているよりこれを種名となしたのである。

　この蘭は前条のむぎらんと同じく樹もしくは岩面に着生し、多くは日光の当たるところに生じている。この種も大いに繁茂する時はときにその着生物の表面を密に被いあたかも着物を着せたようになっている。この品はむぎらんよりは培養がむつかしいが、生きたいわひばの幹に付ければよろしいとのことである。

　その産地の区域はむぎらんと同一であるが、ときとするとむぎらんより北方に超えて産することを見た。予の知るところでは下野の国がこの種の北限でないかと思う。予は松平子爵より同国鹿沼よりほど遠からぬ、こがし山より得たる品を頂戴せしことがある。

　根茎は延長匍匐して糸状をなし所々より鬚状の根を出している。球状茎はあたかもこれなきがごとくまったく不明にして小鱗片これを包み、葉はたがいに相離れて根茎上に疎生し、小形にして楕円形あるいは倒卵状楕円形を呈し、肥厚にして帯黄の緑色である。三分ばかりの長さに達する葉柄をなし、その状豆を付着せしがごとく、まめらんの名は下し得て妙である。花は花梗上にただ一個あり、わりあいに大にして三分余の径がある。六月頃開き、黄緑色である。花梗は根茎より出で繊長にして葉より長くおよそ二、三分の長さがある。下部に膜質の苞を有し頂部にまた一苞がある。花蓋（萼と花弁を合称してかくいう）は半開にして萼片は卵状披針形をなし、上部のものはやや狭く、共に三つの脈がある。花弁は萼より非常に小さく長楕円形にして一つの脈がある。牌弁は少しく紫色をおび萼より短く、鋭尖頭をなせる卵状披針形にして彎曲し、延出せる蕊柱の脚と接合して屈折している。蕊柱は短く子房はほぼ棍棒状をなし、果実は倒卵形にて下に柄がある。

## 日本産つがさくら属の品種

しゃくなん科（石南科）の植物は総体興味あるものが多いゆえ、園芸植物としてもはなはだ重要なる地位を占めている。ことにその中でもしゃくなんの類、つつじの類またはエリカの類（この類は日本に産せず）などにいたってはその主位を占めておってすべての園芸家をして常に嘆賞の声を放たしむるものである。かのヒマラヤ山を装飾せるしゃくなんの品種などは、だれもその雄大なるに驚かぬ人はあるまい。

小形なるしゃくなん科の品種の中につがざくら属がある。この属にはそうたくさんに品種が含まれていないがわが日本では三種あることが知れている。しかもその中の一種はほんのこのごろ確かに日本にあることがよく確かめられたばかりだ。これらの三種はみな高山の頂巓《ちょうてん》もしくは頂巓近くに生じておって平野または丘陵地などには見当たらぬのである。相互形状が相似ているがこれを分別することは至難ではない。

この属はしゃくなん科中のしゃくなん族に属し学術上ではフィロドセ（Phyllodoce）という。これは神話中の語より出たものである。この属に属する植物は左の通徴を持っている。

つがざくら属すなわちPhyllodoce属の通徴——矮小なる灌木にて、繁く枝を分かつ。葉は年中青々としている。枝上に散生し（散生とは植物学上の語にて葉が茎面の四方に互生しているものをいう、まばらに生じているという意ではない）、葉縁ははなはだしく反巻して葉の裏面において中肋に達している。花は繖形《さんけい》に出で、梗を具え、萼片は五つあり花冠は壺状または鐘状をなして縁端五裂し、雄蕊は十個ありて子房の下より生じ、花糸《かし》は細長、葯《やく》は上端に孔があってここより花粉を滲出《しんしゅつ》し、そして芒《のぎ》がない。子房は五室をなし、花柱は細長、柱頭は小頭状をなす。果実は蒴果で五室で、室と室との間が開裂して五殻片に分れ滑らかなる多数の種子がある。

この属に属する品種は北半球の北部に限られて生じ、南半球の方には一種も見つからぬ。

またこの属は何に近いかと言うとひめつがざくら属（Bryanthus）にいちばん似ている。人によりてこのひめつがざくら属と同属としたこともあるくらいよく接近しているけれども、ひめつがざくら属の花は総状をなしかつ花冠が深く四裂して開展しおるにより違うのである。またみねずおう属（Loiseleuria）ともはなはだ近いが、みねずおう属のものは雄蕊が五つありて、その葯は長く、縦裂して花粉を糝するによりてまた違うている。

つがざくら属は属中が二つに分れている。すなわち一つはあおのつがざくら区（Eu-phyllodoce）で、一つはつがざくら区（Parabryanthus）である。あおのつがざくら区は本属の本家であって、花冠は壺状をなし萼には腺毛がある。あおのつがざくらとえぞつがざくらとがこれに属している。またつがざくら区は本属の御部屋様みたようなもので、花冠が鐘状をなし萼片には毛がない。これにはつがざくらが属する。今分かりよいようにこれを表にして示せば左のごとくである。

つがざくら属

（甲）あおのつがざくら区……花冠壺状、萼に毛あり。

(1) あおのつがざくら

(2) えぞつがざくら

（乙）つがざくら区……花冠鐘状、萼に毛なし。

(3)　つがざくら

左に各種について記載しよう。

(1)　**あおのつがざくら**

（一名）　あおばなのつがざくら、おおつがざくら、おおつがまつ、はくさんがや

この種は日本本州の中部より北部にかけさらに北海道に亘りて諸州の高山によく出会う品で、日本ではこの属中のもっとも多きものである。国外ではカムチャッカよりアリュウシャン群島を経て北米北部のアラスカに亘りてこれを産する。学名はフィロドセ・バラシアナ（Phyllodoce Ballasiana *Don.*）である。三、四の異名があるが通常この学名でとおっている。

小灌木で、高さおよそ一尺ばかりに達する。幹部は横に拡がり、枝は上昇している。葉は枝上に密着して短葉柄を具え線形で、葉の末は鈍頭あるいはほぼ鋭頭をなし、葉辺には小鋸歯がある。花はおよそ三ないし十五個繖形をなして枝端に出ている。小梗は頂端に点頭している。この小梗は直立して花体よりは長くかつ腺毛がある。萼片は卵状披針形で鋭尖頭を有し下方に腺毛が多い。花冠はほぼ球形であってその色が白く少しく青みがかっている。雄蕊は花冠内に隠れ、花糸は葯より長くて毛がない。花柱も花冠内に潜みて柱頭は少しく肥厚している。子房には腺毛がある。

## (2) えぞつがざくら

この品は頃日はじめて予はその実物に接したので、その実物の産地は北海道石狩国のオプタテシケ山と後志《しりべし》国のマッカリヌプリ（後方羊蹄山あるいは蝦夷富士ともいう）である。和名がないので予はこれをえぞつがざくらと新称した。この品は欧洲の北部グリーンランドおよびシベリアの東部より北米の北部に亘りて産するので、すなわち北半球の北部を一周しており、本属中で一番広く散布された種である。わが日本では前述二山のほか千島にもあるとのことであるが、北海道ではそこここの高山上においおい見つかるであろうと思う。まだだれも本州の地では採らないから果してそこにあるかないか今ではあい分からぬ。学名をフィロドセ・タキシフォリア（Phyllodoce taxifolia *Salisb.*）というがまたフィロドセ・シールレア（Phyllodoce caerulea *Bra.*）とも称する。この方の名は一番古い種名シールレア（caerulea）となしているから、予はこれを用うるをよろしと思う。いちばん旧き名はリンネ氏の命ぜしアンドロメダ・シールレア（Andromeda caerulea *L.*）である。しかしこのシールレアは藍色の事であるから、この紅紫色の花ある品の種名としてはあまり適当しないが、はじめこの種に命じたものだからいまさら仕方がないのである。

この種は高さおよそ一尺くらいに成長し繁く枝を分かつ。葉は枝上に繁く付き質硬く光あり、末端は鈍頭あるいは鋭頭をなし葉辺に細歯ありて糙渋し葉柄は短い。花梗は枝頭に繖形に出で、二ないし六個ばかりありて腺毛を被り、五分ないし一寸内外の長さがある。花は梗頭に点頭し、萼は卵状披針形で鋭尖頭を有し、腺毛をこうむる花冠は楕円様の壺状で淡紅紫色を呈し、雄蕊は花冠内に潜み、葯は紫色である。花柱もまた花冠内に潜みて外に出でず、子房は腺毛を被りている。

日本では（西洋のある学者も）今日までこのえぞつがざくらに用うべき前記の学名すなわちフィロドセ・タキシフォリア（Phyllodoce taxifolia *Salisb.*）をふつうのつがざくら（次条の品）に当て用いていたのはまことに不覚であった。予は今日このえぞつがざくらの実物を見てはじめてその不覚を悟った。

**(3)　つがざくら**（一名）**つがまつ**

この種は本州の中部ならびに北部の高山頂に産するふつうのつがざくらで、古くより知られてあったものである。前に記したるごとく、今日までこれにフィロドセ・タキシフォリア（Phyllodoce taxifolia *Salisb.*）の学名を当て用いていたがそれは大いなる間違いであった。予は頃日これを覚ったと同時にこのつがざくらを精査した結果、これが一個の新種であることを発見した。なおそれのみならず、この品が前二種のごとくつがざくら属の本家なるあおのつがざくら区（EuPhyllodoce）には属せずして、まったく従来日本、いな旧世界（東半球）に知られていなかった一区すなわちParabryanthus に属するものたることをも究め得た。それゆえこの区もまた旧世界にあっては新しきものである。この区のものは、二、三種ありていずれも北アメリカの西部ロッキー山脈辺に産する。その中なるフィロドセ・エンペトリフォルミス（Phyllodoce empetriformis *Don.*）がいちばんよくわがつがざくらに類似しているが、しかしその枝面の状、花冠の状、雄蕊の状ならびに花柱の状等に差異を認むるので両種同一と断ずることができない。それゆえ予は日本のものすなわちつがざくらを一新種と考え、これにフィロドセ・ニッポニカ（Phyllodoce nipponica *Makino*）なる新学名を下したのである。その正式の記載文は『植物学雑誌』に出ている。この種は大なるものはおよそ一尺ばかりに成長し、繁く枝を分かち、葉は、多少繁く枝上に付着し、多くは開出している。紅紫色なる短き葉柄を具え、線形で葉末鈍頭をなし、葉辺は通じて小歯がある。葉長およそ二、三分ばかり、葉面は深緑色で光滑で多少凸凹している。中肋は葉裏に広く現われていて細白毛をしいている。花は枝頭に一ないし九個ばかり繖形に出で、側に向かいて開き、花梗は一ないし九条ばかりありて、三分ないし八分ばかりの長さを有し、腺毛を被る梗本には各二片の小苞がある。萼は針状卵形でほぼ鋭頭あるいは鈍頭を有しまったく毛なく、緑色に紫色を帯ぶ。花冠は淡紫紅で開きたる鐘状をなし一分半ないし二分余の長さがある。雄蕊は花冠より短く、花糸は葯より長く花柱蕊よりかすかに高く、柱頭は少しく肥厚し、子房には腺毛を被りている。

上の三種は多少がんこうらんの態があるが、がんこうらんの葉には葉辺に細歯がないのですぐ区別が付く。花もしくは果実を見れば無論だけれども。

### 菊ならびにあらぎく

予がここにきくというは学名クリサンテムム、シネンセ（Chrysanthemum sinense *Sabine.*）のことである。

またあぶらぎくというは一名あわぎくにて学名クリサンテムム、インジクム（Chrysanthemum indicum *L.*）のことである。

前種のきくは普通の人の知るごとく大ぎく、中ぎく、および小ぎくの三つに培養上で分かれているがその元とは小ぎくから多数の歳月の間にだんだん進歩してその培養の結果ついに中ぎくができひいて大ぎくができたのである。またその花色もはじめは白色であったものがこれまた培養の結果赤ができ黄ができまた種々の色ができたのである。この大ぎく、中ぎくを培養の手を加えずに自然に任せ置いたならばまたついに小ぎくの状態に還るであろう。

今日観賞用のきくは昔支那より輸入したものである。しかしその小ぎくの中には日本出のものもあるようだが多くは支那株がもととなっている。支那では昔その野生のきくすなわちその原種を培養し観賞に堪えるものができて同国人が賞観しつつある間ある年ある機会があって始めてその支那人の手にて作られたる観賞用のきくがわが日本へ渡ったものである。日本ではそれを種としてあるいは株を分かちあるいは種子を播きて久しき歳月の間これをいじくり廻し種々なる培養家の丹精の結果ついにその形状といい花色といい今日の盛をいたしたものである。

このきくの原種はそれなれば支那のみにあるかというとそうではない、わが日本にもある。わが日本のものは原種は原種だけれどもこの原種すなわち日本所産の株を土台として観賞用のものを作ったかというと決してそうではない。日本のものは千古よりやはり天然自然の野生のまま今日に及んだのである。今日作っている小ぎくの中にはちょうどこれと同一のきくがある、これは日本の野生種を誰かが栽えはじめたものか、あるいは支那輸入の観賞用品の還原したものかその辺のことは今ちょっと相分からぬ。

このきくの原種にあたる野生のきくは決して彼のりゅうのうぎくではない、まったくその品とは別のものである。先輩の本草家はこのきくの原種にあたる野生品についてはあまり知っていなかったようである。いまだ明確にこれを記したる書を見たことがない。しかしこの野生種がわが日本に産することは明確なる事実にて、予は先年始めてこれをわが郷国なる土佐に得たのである。土佐吾川郡川口村の一地はその発見の場所である。同所は仁《に》淀川《よどがわ》に沿うたる地なるがその河畔を通ずる道路の一側、岩石落々たる所に多く生じているのである。予はこれに野路《のじ》ぎくの新称を与えた、またその形状をわが『日本植物志図篇』第一巻に出した。その後また『日本園芸会雑誌』へもその彩色図と所見を出した。その発見後同国須崎港附近または浦戸港附近にてこれを産することを確かめた、その高きものは三尺より四尺に達する。常のきくに見るごとく茎は梢に近く三岐し、枝上に枝を分かちて花を着け花色は白で後に往々紅紫に染むのである。花径はおよそ一寸より一寸三分もあろう、舌状花は一列に並んでいる。葉は底部は心臓形をなしその毛の工合分裂の工合は常のきくと同一である。土佐の外にもたぶん産するであろうが予はその後いずれからもその標本を得ぬのである。そして前述のごとくこの野生品野路ぎくと少しも違いのないものが前記のごとく今日培養せる小ぎくの中にあるがそれはいずれより出たものか予には今判断がつかぬ。

りゅうのうぎくはきくの一変種で邦内所々に産するが名古屋辺では大いにこれを培養して種々の変わり品を作ったが、いくら変わってもこれはりゅうのうぎくたる姿勢を持っておって普通のきくと混合することがない。

さつまのぎくというものがある。これは決してきくの原種でない、矢田部良吉君はこれをきくの一変種とした、ある西洋人は近日これを特別の一種とした、されど予の意見はこれと違う、予はこれをしおぎく（Chrysanthemum Decaisneanum）の一変種だと思う、しおぎくの舌状花冠のよく発達したものはすなわちこれになる。しおぎくはまったく舌状花冠の発達せぬものがある。少しく発達したものがある、すこぶる発達したものがある、また大いに発達したものがある、このごとく花冠発達の程度に種々ありて一様でないのがしおぎくの持前である。さつまのぎくはその極端の一品である。

観賞用の小ぎくは前述のごとくきく（Chrysanthemum sinense *Sabine.*）より出で小ぎくたるを失わずして変形せるもの多き中に前述野生種そのままのものも交わりているが、またこの小ぎくの中にはあぶらぎく（Chrysanthemum indicum *L.*）より来りたるものもある。彼のかんぎくと称する品は無論あぶらぎくより出でたるものなることは誰にもすぐ分かるがその他にも少なくない。それなれば小ぎくを見ればこれはあぶらぎくより来りたるもの、これはきくより来りたるものとすぐ判然と区別が附くかというと決してそんな容易のものでない、それは両者の間にいわゆる雑種（Hybrid《ハイブリド》）ができておってついにいずれに属するか分からぬものがあるゆえである。

あぶらぎくは南はインドよりアジアの東部を伝いてわが日本に及びひいて満洲朝鮮に及んでいる。わが日本では中部以南の諸州に普通に見る、東京辺ではその一変種がある。予はおおあぶらぎくと命名した。学名は（Chrysanthemum indicum *L.* var. boreale *Makino*）

であるかもめぎく一名きりんぎくはたぶんこれから出た園芸品でないかと思えどもその実物が予にはどうしても見付からぬから何とも言えぬ、読者諸君の中この実物を所持せらるる御方は斯学のためその苗なりまた標品なり御恵与下さるればまことに幸福のことである。

世人がクリサンテムムすなわち Chrysanthemum（Chrysos 黄金ならびに anthemon 花なるギリシャ語よりなる）の語を前述普通に培養せるきく（Chrysanthemum sinense *Sab.*）のためにできたように思いおる人があったならばそは大いに誤りである。このクリサンテムムなる語はフランスの植物学者 Tournefort 氏が一千七百年代の間に製せし語にて一千七百三十五年 Linné 氏始めてこれを厳然たる属名と定め公にせしものである、この時この属に属した植物には白花を開くものもあれば黄花を開くものもあったが黄花を開く品種が普通で立派なるのとかつこのクリサンテムムの成語が既にありたるとよりリンネ氏はこの属の属名をクリサンテムムとなしたものである。この時その黄花品の主なるものはクリサンテムム、インジクム（すなわちあぶらぎく）クリサンテムム、セゲツム、クリサンテムム、コロナリウム（しゅんぎく）クリサンテムム、フロスクロスム等であった、彼のきくはなおいまだ与《あずか》らなかったのである。

このごとくいわゆるきくすなわち Chrysanthemum sinense *Sabine*. は右クリサンテムムの属名が制定せられし当時はいまだ世に出でざりし一種にて、このクリサンテムムの成語とは少しの関係もなかった、このクリサンテムムの語ができ、それが属名と制定せられて後九十年ほどを経てこのきくが始めてこの属の圏内に闖入《ちんにゅう》し来りたるもので、もっとも学問的に記せずしてきくが欧人に紹介せられたことはあったようだ。一千六百八十年頃出版のブライネ氏の著書や一千六百九十六年出版のブルケネット氏の著書に出ているものはそれであるとのことである、英国へはきくは一千七百九十年にフランスより輸入せられ、フランスへは一千七百八十九年に支那より輸入したものである。

きくはこのごとくこの属へは後と入りの一種である、されどもその花の立派にして他の同属のものに立ち優っているより、ついに今日ではクリサンテムム属の主品となったのである。すなわち簷《ひさし》を貸して主家を取られたのである。しかし前述のごとくこのきくはこのクリサンテムムの字の成立に対してまったく無関係であった、それを世人が否な学者ぶってえらそうに構えている人でもこのクリサンテムムの語はきくの花を基として作られしかのように言っているのはまことに取るに足らぬ妄説である。またこのクリサンテムムを禁裏さんの紋ということなりなど唱うるに至っては一場のしゃれなればともかくも実に一笑にだも値《あた》いせぬ。

またきくは黄色を正色とするというは誤りにて白色が原色である。きくは原《も》と白色なりしが培養の結果その中より黄色のものができたのである。

## 福寿草

うまのあしがた科（すなわち毛茛科）は一つの著明なる科（科とは植物学上の語にて互いに縁がある植物の一つの集まりをいう）であって科中がまた数族に分れている。その族の一つにおきなぐさ族というのがあってこの族はまたその中が六つほどの属に分れている。その属の一つにアドニス、すなわち **Adonis** と称するのがある。わがふくじゅそうはこのアドニス属に属するにより吾人はこのアドニスを訳してふくじゅそう属と言うのである。

このふくじゅそう属なる **Adonis** はジレニウス氏が初めて千七百年代の初めに用いたるより、かのリンネ氏がすぐにこれを採って一属の名称とし千七百三十五年にその著『システマ・ナチュリー』（Systema Naturae）にてこれを公にせしよりその後ひき続いて今日まで用いつつある名称である。そのアドニスは女神ヴェヌスに寵愛せられたる少年の名なるが、この少年が野猪に害せられて死したる時、その血よりこの草を生じたと語り伝えられたる説話にちなみてついにこの属の属名となせしものである。欧洲産のこの属の品には血赤色の花を開くものが少なくないのでそれから右ようの話ができたものである。植物学上から言うと、このアドニスすなわちふくじゅそう属は左の形状を具えたものである。

ふくじゅそう属（**Adonis**）

直立せる草本であるいは一年生のものもありあるいは多年生のものもある。葉は互生して多裂し裂片は狭長である。花は茎の頂端にありて独在し黄色あるいは赤色あるいは淡紫色である。萼片は五ないし八片あり花弁状をなして色あり覆瓦襞に畳みて花後落ち散る。花弁は五ないし十六片あって顕著で弁の基部に斑点があるものが多い、しかし腺巣はない。心皮は多数で花柱は短く卵子は一つあって懸垂している。果実は痩果でこれが相集まって球形あるいは穂状をなし各痩果には宿存せる花柱があって小さく短き嘴《くちばし》の状をなしている。以上

この属はすこぶるおきなぐさ属（Anemone）に近い。フランスの植物学者バイヨン氏はそれゆえこれをおきなぐさ属に合一したことがあるが、しかし一般にそうはしない。やはりふくじゅそう属は独立させて用いている。

今世界にこのふくじゅそう属に属する植物がおよそ二十六種ばかりあって、ある種は欧洲に産しある種はアジアに産する。またたまにアメリカに産するものもある。今その種類とその産地とを挙げれば次のごとくである。

アドニス・エスチバリス（欧洲、近東）

アドニス・アレッピカ（シリア）

アドニス・アムレンシス（黒竜江地方、日本）〔福寿草〕

アドニス・アペンニナ（欧洲）
アドニス・オータムナリス（欧洲、近東）
アドニス・シールレア（支那）
アドニス・クリソシアツス（ヒマラヤ山）
アドニス・シレネア（ギリシャ）
アドニス・タビジー（支那）
アドニス・デンタタ（欧洲、北アフリカ）
アドニス・ジストルタ（イタリー）
アドニス・エリオカリシナ（アルメニア）
アドニス・フランメア（欧洲、近東）
アドニス・フルゲンス（小アジア）
アドニス・マクラタ（欧洲）
アドニス・ミクロカルパ（欧洲）
アドニス・パレスチナ（シリア）
アドニス・パルビフロラ（近東）
アドニス・ピレナイカ（欧洲）

アドニス・リパリア（北米）
アドニス・スクロビクラタ（アフガニスタン）
アドニス・シビリカ（シベリア、アルタイ）
アドニス・シブトルピー（ギリシャ）
アドニス・スチエンシス（支那）
アドニス・ヴェルナリス（欧洲）
アドニス・オルゲンシス（欧洲、近東、北アジア）

右の外なおたくさんの名称があるがそれらは上に挙げたる種類の異名である。なおある学者の説によると、上に挙げたる二十余種はじつはこれを数個の種となすことができるならんと言っている。

上の品種はこれを二組に分かつことができる。すなわち一つは一年生の品種にて、学問上ではこの組をアドニア区（Adonia）と称する。また一つは多年生の品種にて、この組をコンソリゴ区（Consoligo）と唱える。この第一区アドニアに属する品は赤き花を開くが、しかし第二区コンソリゴに属する品は黄金色の花を開く。わがふくじゅそうはこのコンソリゴ区に属する一種である。

アドニア区に属するもの、すなわち一年生のものは日本にはないが欧洲に少なくない。

すなわち上に挙げたるアドニス・エスチバリスやアドニス・オータムナリスやアドニス・デンタタやアドニス・フランメアや、またはアドニス・ミクロカルパ等はその品である。また欧洲に産するアドニス・ヴェルナリスやアドニス・ピレナイカやアドニス・アペンニナや、またはアドニス・オルゲンシスはわがふくじゅそうと同じくコンソリゴ区に属する。

さてわが福寿草はわが日本を通じて諸州に産する。すなわち北は北海道より南は九州薩摩の果てに至るまで、諸州の原野、丘隅あるいは山間に自然に産する。その花が顕著なるうえに衆花に魁《さきがけ》して開くにより、古くより世人に愛翫《あいがん》せられ、ことに献歳の盆栽として大いに珍重せらるることは衆のよく知るところである。

このごとく栽えて人間間に持てはやさるるものは、地方では必ずしもそうではないが、東京のような都会に持ち出す株は山採りの荒草でなく、一度は植えて培養されたものである。すなわちその株はみな前記自然生のものを掘り取り来たりて初めてこれを家植の品にするのである。その産地の名ある処は武州青梅、秩父、信州、陸奥、岩代、ならびに北海道等である。北海道札幌辺では春雪融けるや否や、このふくじゅそうがここそこの丘隅に咲き出ずるにより、札幌の住人は競うてこれを採りに行き、これを盆栽として数ヶ月雪裏に屈託せる眼を喜ばすとのことである。

右のごとく、都会の地に持ち出すために山より採り来たりこれを家植して培植して培養せられおる中に種々の変り品ができ、あるいはたまたま自然にその自生地にあって変り品を発見して採り来たりたるものが、今日種芸家に貴ばるる品となり、種々園芸上の名を帯びて珍重せらるるものとなったのである。

ふくじゅそうの変り品をもてあそぶことの流行せしは文化の頃よりの事なり。これをもてあそぶこと流行するにつれ、珍しき品多く世に出ずるは自然の勢いである。そのころ奇品多く出でたのである。花色はもとより黄色を原色とすれども、その変り品の中には初め白色で後だんだん淡黄を帯び来るもの、ほとんど白色となりたるもの、あるいは淡緑のもの、あるいは紅色のもの、あるいは淡紅色のもの等ありて一様ならず。またその花形も、単に八重になりたるものもあれども、また大いに変わりたるものには二段咲三段咲の異品あり、また花弁大いに重畳して八重の菊花のごとくになりたるものあり。また撫子咲《なでしこざき》とて弁端剪裂してあたかも瞿麦《なでしこ》の花弁のごとき状をなすものがある。その他畸形のものが少なくない。英国「キュウ植物園」のヘムズレー氏は、千八百八十七年に出版せる『ガーデナース・クロニクル』（英国出版の園芸雑誌の名）の誌上にてその変種のたくさんあることを世に紹介した。これは当時伊藤篤太郎君の周旋にて「キュウ植物園」へ購入せし日本書の中の福寿草に関せる小冊子を評記せしものである。この小冊子は多分その書名を『福寿草新図』と題せるならん。そしてふくじゅそうの園芸品二十一品を集め図したる書である。

このふくじゅそうは寒き地方がこの草に適っているにより、北海道のものはなかなかに太くできかつさかんに繁殖しているが、九州辺のものはこれを北海道辺のものに較ぶれば小形であってできが悪く、かつその産する分量も少ない。

このふくじゅそうはその産地は単に日本ばかりではなくして、樺太にも産すればまたその対岸の黒竜江地方にも産する。支那には別の品種は三、四種産することは知られているが、まだこのふくじゅそうが同国に産することを聞かぬ。それゆえ、側金盞花、長春菊、歳菊、雪蓮、報春花などの漢名をこのふくじゅそうに当つるは非であると考える。

## 福寿草（承前）

ふくじゅそうの学名に関しては左の歴史を持っている。すなわちこの品が西洋の学者の眼に映ったのは千八百四十年頃であった。同じく四十三年にツッカリニーという学者は、これをアドニス・シビリカ（Adonis sibiriieca *Patr.*）に当てて公にしたのである。千八百五十二年に出版せるJournal Asiatiqueという雑誌にてホフマン、シュルテス両氏が日本の植物の目録を著わしているがその中にこのアドニス・シビリカの名が引用してある。しかしこれに当つるはもとより誤りであった。千八百五十九年にいたってマキシモウィッチ氏は、その著『黒竜江植物志』においてこれをアドニス・アペンニナの一変種ダフリカ

（Adonis apennina *L.* var. davurica *Ledeb.*）に当てて公にした。その標品は無論わが日本のものでなくて、黒竜州黒竜江の右岸なるパレヤ山中ならびにその付近の地に採りたるものである。その標品はきわめて不完全のものであったにより、充分なる精査ができなかったものと見える。それゆえ前記の学名に当てたけれどもこれも誤りであった。その後レーゲルおよびラッデの両氏によりてこの品が正確に検定せられ、ここにはじめて一新種なることを証してアドニス・アムレンシス（Adonis amurensis *Reg. et Radde.*）の新名ができ、その図説を千八百六十一年に公にした。その後さらにフランシェ氏の研究等ありて、この名は今日まで用いられている。

今ふくじゅそうの形状を記すれば左のごとくである。

多年生の強きかつ多数に分れたる根を有する草本にて、あるいは毛なくあるいは疎に毛を有する。○茎は三寸ないし一尺ばかりありて単一あるいは分枝し天鵞の羽茎ほどの径がある。下部の方には葉がないが、しかしおよそ一寸内外の白色膜質の長鞘片があってこれを被うている。その鞘片の上部のものには、時としてその末端に葉を有している。○茎葉（じつは二ないし三葉連合せり）は三寸ないし六寸ばかりの長さと幅とがある。その下部のものには葉柄があるが、その上部のものは無柄である。葉の外形は円き卵形をなし、全く三裂して基部まで分れている。その裂片（すなわち真実の一葉）は羽状に分裂してまたその基部まで分れている。最末裂片は群集して線状長楕円形をなし羽状裂的に鋭く欠裂している。葉色は上面暗緑で裏面は色が淡い。葉柄（じつは一つの枝すなわち第二軸である）はその下部のものにあってはおよそ三寸内外あって一つの線状膜質の鞘と連合し、あるいはその鞘の腋に生ずる。○花はその直径がおよそ九分くらいより一寸七八分ほどあって本茎の頂に生じ、短き太き花梗がある。黄金色のものが普通である。○萼片は長楕円形で鈍頭を有し、内方窪面をなし淡緑色で、往々その背面暗色を呈している。○花弁は十二ないし十五片ほどありむしろ萼片より長い。狭長なる長楕円状倒卵形あるいはほぼ箆形をなし、その円き弁端は全辺あるいは噛痕を印する。○雄蕊はその数ははなはだ多く、ほぼ花弁の三分の一の長さがある。葯は細小にて長楕円形をなし黄色である。心皮は相集まりて一つの球形をなし、細毛を生ずる。花柱は子房と同長であって反更している。成熟せる心皮（すなわち痩果）は球形で細毛を密布し、花柱は鈎状となりて心皮の上に曲がっている。

ふくじゅそうの茎葉は実際は二、三の葉が一枝の上に集まりてできており、それゆえこの植物はたとえその中茎の頂にただ一花を着けおるといえども、じつは花を着けざる枝を有する一品であり、かつこの有枝の状態は他のコンソリゴ区の品種もまたしからざるなしとは、フランシェ氏の吾人に示すところである。

フランシェ氏は日本にはなお別のふくじゅそうがあると唱えて、千八百九十四年にその学名を付けたものがある。その学名はアドニス・ラモサ（Adonis ramosa *Franch.*）である。この品はその茎ことごとく枝を分かちこの枝の末端にはまたさらに各一花を着くることその親茎の頂に一花を着けおるがごときものである。その点が前記のふくじゅそう、すなわちアドニス・アムレンシスと異なるのである。

予は考えた。フランシェ氏はこのように二つに分かっているけれども元来はこれは一種のものであると。それゆえ予は明治三十四年『植物学雑誌』にて、その一方のものを一変種となし左のごとく記載した。

ふくじゅそう　Adonis amurensis *Reg. et Radde.*

えだうちふくじゅそう　Adonis amurensis *Reg. et Radde.* var. ramosa *Franch.* Makino

元来、日本でふくじゅそうと称する品は右の両品を含んでいる。べつにその間に区別をしていない。それゆえふつうにふくじゅそうと言えば、いずれを指すかあい分からぬ。予は仕方がないからその一つに前記のごとくえだうちふくじゅそうの新名を与えて、一方の一茎一花のものと区別した。しかしよく詮議してみると日本ではこのえだうちふくじゅそうの方が主になっているようだから、予は今この方をふくじゅそうと改め、一方の方をいちげふくじゅそうと改めた。

ふくじゅそうはまた元日草とも称する。またついたちそう、ふくじんそう、ふくずくさ、ふじぎく、ふくとくそう、まんさく、たけれんげ、しがぎく、さいたんげ等の異名がある。

従来福寿草の変り品がずいぶん多くあることは種々の書物にも見えおるが、なおいっそう面白き変り品を作らんと欲すれば、人工媒助によって種々の変り品をさらに媒合せしめ、あるいはまた欧洲等より種々の品種を取り寄せて培養し、これを本邦のものと媒合せしめて奇々妙々の間種を作ることは園芸家に取りては極めて興味あることと思う。いつも旧時代の自然まかせの変品製造法はもはや今日どこの方面にも雄飛せねばならぬ日本国民の主張ではないのである。とかく日本の種芸家は、人工媒助のことには冷淡でいけない。この方法は変り品を作る一つの鍵なるにかかわらず世人があまり顧みないのはまことに惜しむべしだ。全体日本の種芸家には、ふつうの植物学を学んだ人が少ないので、媒助の理屈やその方法がいっこうに分からぬうえに気長くその成果を待つ根気にも乏しいので、そんなことからこの術《すべ》をやってみぬものが多い。今日、自然に任せておいて変り品のできるのを僥倖《ぎょうこう》するなどはじつに迂遠きわまったことではないか。

日本のふくじゅそうは、ただ上の一つであるが、隣国の支那には三、四種の品がある。みな日本には産せぬものばかりである。次にこれを挙げてみよう。

(1)　**韃靼ふくじゅそう**

学名　Adonis apennina *L.* var. davurica *Ledeb.*

この品は蒙古北部韃靼《だったん》に産する。これは欧洲産なるアドニス・アペンニナの一変種で、非常にわがふくじゅそうに近い。それゆえマキシモウィッチ氏がふくじゅそうをこれに当てたことがあることは前に記したとおりである。ヘムズレー氏はこの品をアドニス・ヴェルナリス（Adonis vernalis *L.*）だと記した。しかしマキシモウィッチ氏の説に従えばそうでないとのことである。この品はまた朝鮮にも産する。きたバイカルならびにウラル地方にも産するとのことである。

(2)　**淡紫色ふくじゅそう**

学名　Adonis caerulea *Maxim.*

この種は甘粛省に産し、またチベットの東北部に産する多年生の小本にて、茎多く出で茎上には多くの葉がある。花は細小にて淡紫色あるいはときに白色、淡紅色のものがある。

(3)　**ダビド氏ふくじゅそう**

学名　Adonis Davidi *Franch.*

この種は前種アドニス・シールレアに類似す。四川省に産する。

(4)　**四川省ふくじゅそう**

学名　Adonis Sutchuengis *Franch.*

この種はわがふくじゅそうに類似し、四川省に産する。

右の四種が今日吾人に知られたる支那産のふくじゅそう属の品種である。

欧洲では花の赤いふくじゅそうがある。しかし一年生であるが、花が赤いとは面白いではないか。欧洲へ便宜のある人はその種子を呼んだらいいだろう。アドニス・エスチバリス（Adonis aestivalis *L.*）、アドニス・オータムナリス（Adonis autumnalis *L.*）などはその赤花の種である。

### (5)　**ゆきおこし**

ゆきおこしはかざぐるまの一変種であって人家に培養せられている。ある人はこれにClematis florida *Thunb*. var. Sieboldii *A. gray*. の学名を当てているけれども穏当でない。このゆきおこしはてっせんの変種ではなく、前述のごとくかざぐるまの一変種である。ゆきおこしはその茎も葉もあえてかざぐるまとは違わぬが、その花が八重になっている。花色は白もあれば淡紫色をおびたものもある。その花の下の葉は、他の葉の対生なるに拘わらない。これは数葉輪生しておって、なおときにその中のものが花弁状をなしたものがある。この輪生葉は花より長くかつ長き葉柄をそなえて、あるいは単形のものもあればあるいは深く三裂したものもある。また三出葉のものもある。色は緑色で常葉と同質である、この葉叢はときに密接しておって花をして無梗たらしめていることがあるが、また花より遠ざかりおりて花は明らかに有梗のことがある。花の直径はおよそ三寸ばかりもあって開展している。萼片が狭くなりて基部は柄となり、雄蕊の外部のものが大いに変形して萼片と同じ形状また大きさとなり、数十枚相重なりおりてここに八重咲となっている。その各片には赤柄ありて、頂端は微尖頭をなし全辺で裏面には細軟毛をしいている。形は倒披針形あるいは倒卵状披針形である。雄蕊の内部のものは本然の形状を保有し、ときに花によりては多少変態を呈したものもある。その中で葯に毛のあるものもあれば、あるいは葯の上半が花柱と化してその上端を除くのほか毛を密生するものもある。雄蕊は大いに花弁状片より短く多数ありて正品とあまり違いはない。この品はたぶん諸処に培養せられているだろうが、予はその実物を下野の日光の人家で見た。花色はごく淡き紫色をおびておった。小石川植物園にもある。同園のものは花が白色であったように覚えている。

この変種はたぶん支那より来たったものであろうと思う。

# 満洲国皇室の御紋章と蘭

昨年四月八日発行の『東京朝日新聞』紙上に「聞くもゆかしき御紋章の由来、御晩餐会で皇帝が御説明」との見出しで、満洲国皇室の御紋章に関する記事が出ていた。それによると、この御紋章は彼の「二人同心、其利断金、同心之言、其臭如蘭」の古語に基づいて選ばれたとの事であると拝察した。

ところが、世間の誰もが、この古語にある蘭を今日いう蘭科（Orchidacouo）植物中のいわゆる「蘭」だと早合点して、皇帝の御旅情を御慰め奉るに、寒蘭だの、一茎九華だの、素心蘭だの、金稜辺だの、駿河蘭だの、春蘭だのの Cymbidium Orchids 類の盆栽を御清覧に供したと、これもまた、当時の新聞紙が報道していた。

これらの蘭を御覧に入れるという、わが国民の真情は、まことに蘭科のように香《かぐわ》しい極みである。が、その蘭の実物を誤っている事は、じつは滑稽至極で、誰か世間に一人ぐらいは、その蘭というものの真物（正品）を知っていそうなものだが、一向にそんな気合も見えず、誰も彼も、右の Orchidaceous Plant の蘭で騒いでいた。私はそれを側面から望み見て、それは誰もがよく言うように、世の中は存外甘めえものだナと独りでそのおかしさを噛み潰していた。

エヘン、そんならその古語、すなわちこれは『易経』にある辞だが、「其臭如蘭」というこの蘭は山上憶良の詠んだ秋の七種の中のふじばかまと同品である。そもそも何か、それはまさに菊科植物に属する Eupatorium 属中のふじばかまよ。

このふじばかま（学名は Eupatorium stoechadosmum, *Hance.*）は、支那にもあれば、またわが日本にある宿根草で、つまりこの両国の土産植物である。わが邦では支那と同じく、往々観賞のため、庭園に植えられてある事があるが、関東地方では利根、荒川の河畔なる細砂土の処には野生している。支那は揚子江、黄河の大河が平野の間を流し、大小の支流もあって、その辺に水寰区《すいかんく》が多いから、したがってこの草は極めて普通に生じているであろう。ゆえにそれが、支那人には最も知り馴れた草であろうという事が想像せらるる。こんな事で同国人は、既に上古からしてこの草につき関心を持っていた次第である。

その結果、支那人は旧《ふる》くからこの草を熱愛した。それはその草状が佳いというわけではなく、その草に含んでいる香気を愛でたのである。

実際この草には香気がある。それは生の時、その茎葉を揉めば、既に一種の香のある事が分るけれど、しかしその時はさほど佳くは感じない。けれども、一たびその草を刈り来って、試にこれを室内へでも懸けおく時は、それが萎《しな》びるに従い、たちまち一種の佳香を放つものである。そしてそれがかなり久しく続いて、幾日も幾日も香っている。その香いは何んとなく甘たるくて、すこぶる鼻に佳い。

前に述べたように、支那人はひどくこの香いを貴んだ。そこでその嫩葉を採みて髪の中にしのばせ、あるいは油に和して婦人の頭に伝え、あるいは体に佩《お》び、また湯に入れてこれに浴したものだ。ゆえに、一にこれを香草と称え、また香水蘭と呼んだのである。そしてなお女蘭、燕尾香、都香、または千金草などといろいろな異名を有している。

このふじばかまなる蘭が、すなわち前に言ったように『易経』に在る「其臭如蘭」というものだ。その他『礼記』に「蘭茝を佩帨ス」と言い、また「諸侯ハ薫ヲ贄《にえ》トシ大夫ハ蘭を贄トス」と書き、『楚辞』に「秋蘭（同名あり）ヲ紉ギテ以テ佩ト為ス」と出で、また「余既ニ蘭ヲ滋《う》ウルコト九晼ナリ又蕙ヲ樹ウルコト百晦ナリ」とも出で、『詩経』には「士ト女ト方ニ蕑ヲ秉ル」（蕑は即ち蘭である）とあり、『漢書』には「蘭ハ香シキヲ以テ自ラ焼クナリ」と書き、『西京雑記』には「漢ノ時池苑ニ蘭ヲ種エテ以テ神ヲ降シ或ハ粉ニ雑ヘテ衣書ニ蔵メ蠹《と》ヲ辟《のぞ》ク」と出で、また『風俗通』には「尚書ニ事ヲ奏スルトキハ香ヲ懐ニシ蘭ヲ握ル」とあるものは皆、いずれもその蘭はすなわちふじばかまの蘭である。

世が降って、世人はようやくOrchidaceous Plantsの蘭を愛好するようになったが、元来これに用いてあるこの蕳の字は、彼の香草であるふじばかまの蘭の字を借りて来ったものであって、つまり無断でコッソリと失敬したわけだ。こんな事で、ともかくも旧の蘭と新の蘭とが二つできたので、なんとかその区別をせねばならぬハメに陥ってしまった。そこで学者が采配を振って、一方のふじばかまは全草に香いがあるというのでこれを蘭草とし、一方のOrchids（主としてCymbidium属のもの）は葉には全然香いがないが、その花には香いがあるというのでこれを蘭花として、その両者間の混雑を防ぐべくケリをつけた。

このようにこのOrchidsの方の蘭は後世のものであるから、昔からの蘭（ふじばかま）を、このものと思うのは極めて非である。しかし、今日世人は大抵これを悟らず、皆涼しい顔を並べている。

今、上に叙した所を以てこれを観れば、蘭の問題はすこぶる簡単で、かつ、判然たるものであろう。そこでOrchidsの方の蘭、すなわち蘭花は春蘭、秋蘭（『楚辞』の秋蘭は別である）の二つを併称したものであって、今日愛蘭家が言っているように、春蘭が蘭で、秋蘭が蕙であるという事は決して正しい区別ではないのである。しかしこれは「一幹一花ヲ蘭トイイ一幹数花ヲ薫トイウ」（薫は蕙と同物）と書いている黄山谷の説には一致すれども、この山谷の言う所は蘭花に対し牽強の種別法を出したものだとして、支那の識者は非難している。要するに黄山谷の説は的を外れていて、取るに足らぬという事になる。

今日世人がよく、蘭蕙と熟し呼んで蘭に用いている蕙の字は、本は決して Orchids 植物の名ではなく、これは、唇形科に属する Ocimum sanctum, *L.*（和名かみめぼうき）すなわち薫草、または零陵香というものの一名である。このものは、佳香のある草であるから、それで Orchids 植物の方へその名を借用に及んだものたるに過ぎない。このかみめぼうきも、昔早く支那で栽培していたものと見え、既にそれが『楚辞』に載っている。

以上述べた所で観れば、満洲皇室の御紋章は、少しも Orchids の蘭、すなわち蘭花と関係が無いというその事実がわかったであろう。

# 稀有珍奇なる二種の蘭科植物

ここにわが邦において稀有かつ珍奇なる蘭科植物が二つある。この二つの蘭は予の知るところでは吾人の手に一つの標品もこれなく、また明治維新以後その実物を親しく見たものもないくらいである。ただ吾人の知るところでは明治維新前において写生された図があるのと、その二種のうちの一方の品種が欧洲の植物学者により記述されたことがあるとの事がらである。

さてその品は何であるかというと、一つはむかごさいしんである。それはなぜにこのごとき名があるかというと、その地下には塊茎をなしてあたかもやまいもや、ながいもや、つくねいも等にできるがごとき零余子《むかご》のような形をしているのと、その葉があたかも細辛のごとき様子をしているのでこのような名ができたのである。葉は花と時を異にして出で、卵状円形で基部は心臓形をなしている。葉色は緑でその葉脈は末広く分れていわゆる掌状脈をなしている。葉の幅も長さもたいてい一様にておよそ一寸二、三分より一寸五分くらいもある。下に葉柄があって、地下の部には塊状をなせる茎がある。すなわち前述の零余子のごとき形をなしていると言うたものである。葉は高さが一寸余より三寸余もある。茎の頂末に一つずつありて点頭し、側方もしくは下へ曲がっている。花体の長さがおよそ七、八分もありて濁りたる紅紫色を呈し、花蓋は狭長で末が漸次に鋭尖となり、平開せずしてつぼんでいる。内部の牌弁は幅が花蓋片よりやや広くかつ少しく短く、色白くして紅色の細点がある。その子房はもとより下位をなしておって小形である。その子房の下に短き小梗があって茎に連なるのであるが、その連なるところに一つの小さき苞がある。茎は直立して痩せ二、三片の鞘をそなえ帯紫色である。この蘭は、東京の続きなる染井などにも昔はあったと見えて、予の知れる図にはその地名が記入してある。またかの有名なる『草木図説』の著者なる飯沼慾斎翁の写生せる図があるところで推してみれば、同翁の住んでおられた美濃の国辺にもあるであろうと想われるのである。

　この蘭はまたジャバ島にも産し学名を Pogonia punctata. *Blume.* といいたるものであるが、予はさきにこれを Nervilia punctata *Makino* と改め『植物学雑誌』第十六巻第百九十九ページにて公にしたのである。この種は平地の林もしくは森の林の中などに生えるものならんと思う。決して深山や、または日に照りつけらるる露地などにはこれを見ぬであろう。

さてまたいま一つ珍しき蘭は、その名を布袋《ほてい》らんと呼び学名を Calypso bulbosa *Reichb. Fil.* var. japonica *Makino* と呼び、一名を Calypso japonica *Maxim.* と称えます。

この蘭は明治維新になる少し前に須川長之助（露国の植物学者マキシモウィッチ氏に雇われて日本の植物を採集せし人にて陸中の百姓である）という人が駿州の富士山、相州の箱根山ならびに陸中の南部地方で採集したことがあって、その標品は一個も日本へは残らずにことごとく露国の首都セントペートルスブルグの博物館へ送り、同館に保存してあるのである。ただ吾人は三枚の図ばかり日本にあることを知っている。この図は一つは旧富山藩でできたもの、一つは飯沼慾斎翁の画きたるもの、また一つは東京巣鴨の花戸内山で画きたるものにて、この内山でできたる画には秩父産としてあるより見れば、この蘭がまた武州の秩父に産することも推知さるるのである。

この蘭の形状は一株に一つの花と一つの葉が出る。根茎は地中に小塊をなしており、葉は楕円形で葉柄があり、葉縁は皺をなしている。裏面は紫色を呈し表面は緑色である。長さおよそ一寸ないし一寸五、六分、幅およそ五分ないし一寸ばかりもある。花茎は直立して葉より高く抽き長さおよそ三寸ばかりに出入りし、淡紅色で二片ばかりの長き鞘を有しこれを包んでいる。上に狭長なる一つの苞があってその上が花となっている。花は茎頂にただ一つありてわりあいに大きく、みな側に向こうて開いている。子房の下は小梗となりおり、花蓋は五片ありて上方を指し、かつ前方に向かい狭長にして末尖り、淡紅色を呈してすこぶる美麗である。牌弁は大形にして下に垂れ、花のわりあいにははなはだ大にして上方を指せる花蓋と相ともに花形をしてはなはだ畸形ならしめている。その形は長き卵形をなし、前面よりいちじるしく陥凹して嚢の形となり、もって膨脹し、地は白くして斑あり、下部は下に延出して末端短く両岐し黄色を呈する。前面口縁には広闊なる白色の円形片ありて、その基部黄色を呈し褐色の点あり、かつ毛を生じている。蕊柱は花蓋片などより短しといえども大形にして拡張せられ、前面凹にして卵円形を呈し、色は淡紅にてあたかも花弁の状を呈している。花期はたぶん七月頃であろうと思われる。

その産する場所は深山の森林中だと思う。林中に谿などがあるところの辺など採集者は最も注意すべきところである。

アジアならびに北アメリカの北部にわたって、この蘭とほとんど同種の蘭がある。これを Calypso bulbosa *Reichb. Fil.* と称する。通常 Calypso borealis *R. Br.* の名で通っている。前述のほていらんはこの一変種に属するので、ただ各部がその原種に比ぶれば大なるの違いがあるばかりである。マキシモウィッチ氏はこれを別種として Calypso japonica *Maxim.* と命名し、その記載に球状の茎が地中にないと記してあるけれども、これは事実に違っておって、日本の産もまたやはりその原種と同じく地下に塊状の地下茎が存在している。

前述のごとくこの二つの蘭は、このごとく珍奇非凡なるものなるにかかわらず、四十余年いまだだれもこれを採集せしものなきは、まことに斯学界の恨事といわねばならぬ。

# 本邦産蘭科植物の一稀品ひめとけらん

この蘭はまだその実物が吾人の手にないので、その花部の詳細なることが一切分からぬゆえに、その種名は勿論その属名すら判然せぬのである。

これは伊豆七島中の一なる八丈島の産であるとのことであるが、その他の島にて産せぬとも限らぬ。たぶん常緑の蘭であろうと思う。下に球状をなせる球状茎ありて緑色を呈している。この球状茎の上端には一片の葉と一片の褐色の鞘がある。この鞘は膜質であって葉柄より多少長い。葉は長楕円形で鋭尖頭を有し、下は狭窄して短き葉柄となっている。葉脈が縦に通って、葉面がこれがために褶襞《しゅうへき》をなしている。緑色であって多数の淡緑色の斑点すなわち星がある。葉の長さはおよそ一寸五分余もある。

花茎すなわちいわゆる葶は球状茎の下より出でて直立し、およそ一寸五分内外の高さに達する。紅紫色を帯びて三片ばかりの膜質の鞘がまばらに付いている。

花は四月頃に開き葉梢に通常二個を出し、長さ四、五分もある。横に向こうて開き下に苞がある。苞は鋭尖頭を有しその長さは子房より短い。

花蓋は紅紫色を呈し、半荅状にて正開せず、狭長にして末端は尖っている。牌弁はほとんど花蓋と同長であって黄色を呈し、辺縁皺曲している。子房は花蓋より短く棍棒状をなして、紫紅色を呈する。

今ここにその花を拡大したる図を示そう。これは関根雲停の画きしものであって、原図には色彩が施してある。

# 本邦稀有植物の一なるこやすのき

こやすのきと呼ぶものがある。えごのき科のえごのき一名ろくろぎ、すなわち傘の傘椿《ろくろ》に製する樹も国によりてはこやすのきと呼ぶがそれは別である。ここに言うこやすのきは、とべら科に属し、本邦産の珍しき小樹であって、ふつうに諸国の海岸に見るとべら、すなわち Pittosporum Tobira Ait. と同属に属する異種である。

飯沼慾斎翁の『草木図説』の木部にその図説があり、また富山藩で調製したる稿本に関根雲停の描きし図があるが、これらの図は明治維新前にできたものである。しかるに明治の代になって久しくこの樹が世に出なかったが、ついにはその正体を見届けることができた。予は右に述べたる二つの図を始めて見たとき、いかにもこれは珍しき品種だと思った。右の図には別に詳細なる解剖図があるでもないから、しかとは分からぬが、つらつらその花葉の様子を見るに、どうもとべら属、すなわち Pittosporum 属のもののように感じた。しかるにこの属の本邦産品はまことに限られているゆえ、もし本品がその属のものなればはなはだ面白きものなりと思うた。それゆえなんとかしてその実物に接したいと思い、物産に博識なる田中芳男先生にもお尋ねし、同先生より伊藤圭介先生にも尋ね合わされたが、そのときいっこうに分からなかった。

　しかるに予はふとしたことからその実物に接することを得てじつに喜びに堪えなかった。今より数年前であったが、播磨国に大上宇一氏という物産学に熱心な人があって、同氏より同地産の植物の名称を標品を添えて質問に来たことがある。これらの標品は古新聞にて綴りたる小冊の間に挿んであったが、見来るうちにこのこやすのきの生きたままの葉の付きたる枝の一切れが入っておった。や、しめたと非常に嬉しかった。さっそく大上氏に懇願してその生の枝を送ってもらいこれを見たところ、その枝には果実が付いておって、すぐにその品がかつて想像せしごとく果してとべら属であったことが分かった。それからいろいろとこれを考祭せしところ、これは一つの新種ということが分かったゆえ、予はこれに Pittosporum illicifolium Makino の新学名を与えて、その記載文とともにこれを『植物学雑誌』に登載して世に公にした。その種名なる illicifolium は「しきみ属すなわち Illicium の葉の」ということを意味し、このこやすのきの葉がしきみの葉に似ているより、そのように名づけたのである。その後引続いて大上氏より花の標品を送られ花の部分もよく分かり、またその後池田耕介氏よりもこの樹の標品を得て、大上氏の産地外にさらに新産地を加えたが、なお今日まで播磨国以外よりは予はその標品も通信も一つも得ぬのである。

ここに注意すべき件は、このこやすのきが二家花を開くこと、すなわち雌雄異株であることである。ちょっとその花を見ては右の事実が分かり難い。なんとなれば、その雄性花には子房が現存し、その雌性花には雄蕊が現存するからである。されどもその雄性花の子房はこれを雌性花の子房に比すればやや小形にて子房の役目が勤まらない。またこれと反対で、雌性花の雄蕊はこれを雄性花の雄蕊に比すれば小形にして雄蕊たる役目が駄目である。この事実は同属のとべらにも同じくあるので、とべらの花の咲く樹でもその雄木に属するものは一つも果実を結ばぬのである。

# 稀有植物の一なるいとざきずいせん

いとざきずいせん（糸咲水仙の意）はきわめて稀有かつ珍奇の一品である。これは竹島の産ということであるが、果して然るや否や、予はまだこれを確信するだけの証拠を持たぬが、読者諸君のうちにだれかこれについてよく知られているお方があれば、その委曲を世に公にしていただきたいものである。

この糸咲ずいせんは、その葉の様子はふつうの水仙と異なってはいないが、その花にいたってはいちじるしく特状を示している。すなわちその名が示すごとく、その花蓋片すなわち花弁はすこぶる狭長にしてほとんど糸状を呈せる線形をなしており、その色は白である。また花冕《かべん》（Corona）は杯形を呈してまた漏斗状のおもむきがある。色は黄である。

右の品はふつうの水仙の異状なる一変種であって、従来重弁のものまたは緑花のもの（房州にてやぶずいせんという）とはもとより相異なってはなはだ興味ある品である。特に園芸上では最も喝采を博すべき一品たることを失わないと思う。そして今世間にこれを見受けることがないをもって見ればよほど乏しき品と言わねばならぬ。もしだれか、その株を有しておらるる人があれば大いに繁殖させて世に広むべきである。

水仙属（Narcissus）の他の種はよく果実を結び種子を生ずるが、わが水仙すなわちNarcissus Tazetta *L.* var. chinensis Roem. はいかなる理由か知らぬが、ちょうど同科のひがんばな、すなわちまんじゅしゃげにおけるがごとく、花後に一つも果実を結ばぬ。それゆえその変り品を造り出すことがはなはだ困難である。このごとき理由からして、前述のいとざきずいせんははなはだ貴重なる変種であると思う。もしわが水仙に種子を生ぜさすことができれば、このごとき変り品を造り出すことはなんでもないことと思うが、わが水仙には果実を結ばぬので右のようなことをすることができない。総体芽などで繁殖を逞しくするものは花咲くけれども花後果実を結ば

ぬものがある。また果実の家はできても種子の成熟せぬものがある。すなわちわが水仙もその一例でありまた上に記したるひがんばなもその適例である。またべんけいそう科中のこもちまんねんぐさもその例の一に算うることができる。しかしわが水仙並びにひがんばなは果物の家だもできぬが、こもちまんねんぐさは果実の家はできるけれども種子が成熟せぬ、この品は葉腋に胎芽がたくさんできて、それで繁殖するから種子の用はほとんどないのである。それゆえ種子ができなくても代々子孫を襲ぐ上については少しも心配はないようなことになっている。

ついでに啓蒙のために数言を添えましょう。水仙の球は植物学上にては襲重鱗茎と称します。これを有皮鱗茎とも訳しますが、この訳語は甚だまずい。この鱗茎の本部は球の下底にありて短き茎をなし、それより葉がたくさん出ております。この葉は地上に露われて出でたる部分は狭長で緑色ですけれども、その基部の方は短大なる筒鞘となりて白色を呈し、かつ養分を蓄えて肥厚となり、地上に出でたる部分が枯れてもこの部は地下に存在し二十枚内外も密に相擁して襲重し、もって球形をなしておるのである。右の短き本茎の頂辺より花茎すなわち葶と称するものを抽きてその末端に花をつけ、その葶の基部に接せる本茎の頂に芽がありて花が終ると段々生長し、上は地上に出でて緑葉片となり下はやはり筒鞘をなして球の中方の一部を成形するのである。そしてその外部のものすなわち旧きものは段々に外方に排し出され、最外囲のものは漸次生気を失い、菲薄なる膜皮となりて黒色を呈するのである。しかしてその花に有する花冕一名副冠はけだし雄蘂圏と関繫して生じたるものにて花蓋とは無関係のものならんと思う。これは同科中のきぼうしずいせん(Eucharis grandiflora PL anch.) 並びにヒメノカリス、アマンケース (Hymenocallis Amancaes Nichols.) もしくはパンクラチウム (Pancratium) の諸種を見れば思い半ばに過ぎるであろう。

## ゆきわりそう並びにその変種

ゆきわりそうには同名があるが、それはもとより別のものである。すなわちさくらそう科中のさくらそう属の一種である。ここに言うゆきわりそうはうまのあしがた科中のいちりんそう、すなわちAnemone属の一種にかかり、諸州の山地に生ずる多年生の一草本である。

この草はわが邦にあっては中部ならびにその以北の地に産し、東京へは観賞用として年々幾万株も佐渡の国もしくは加賀の国などより年の末に出すので、これが一、二月には花を開きて吾人の眼をよろこばしむるのである。佐渡より出ずるものは花が紅紫色にて、ことに麗しきにより他の地方のものより貴ばるるので、他の地方にあるがごとく白色のものはあまり人が顧みぬのである。

この草は前述のごとく多年生にて、その根は鬚状をなし数がはなはだ多い、色は暗褐色を帯びている。茎は短くて地上に抽いていないでただ地下に潜んでいる。ちょっと見ると、ほとんど茎がないように見える。このごとき茎を、植物学上では地下茎とも根茎とも称するので、このように茎が地上へ出ずして葉がただ地上に出でたるものは、たとえ短き地下茎が地中に現存しておっても、これを無茎生植物と呼ぶのである。ゆえにこのゆきわりそうは無茎生の一草本である。

　葉はこの短き地下茎より発出して地上に叢生し長き葉柄を具え、葉面は全辺なる三尖裂を呈し、底部は心臓形をなしている。その形があたかも紋所の洲浜に似ているより、この草の一名をすはまそうというのであるが、植物学者はその葉の裂片の鈍円なるものをかく称し、その裂片の多少尖りたるものを、みすみそうと名づけてすはまそうと分かつのであるが、しかしわが邦に在ってはその尖りたるものと円きものとの間のものがあって、どっちともつかぬのが存するにより、その間へ截然たる界線を引くことははなはだむつかしいが、北アメリカではその土産のものがこの二つに分れておって、ときにはその尖った方が一方の円き方の変種になっていることもあれば、ときにはこの二つを全然二種のものとして分立せしめてある。しかしわが邦のものは、前述のごとく二つの極端品を連絡せる中間品が幾らもあるにより、とてもこれを二つに区別することはむつかしいのみならず、その一方を他の一方の変種にすることすらじつに困難至極である。ゆえにこれは、すはまそう、みすみそうと二つに分かたずに、いっさいをすはまそうと呼んだ方が便利であろうし、またその辺が混雑してぐあいが悪ければ、今東京でふつうに呼ぶごとくゆきわりそうの称を通したなればきわめてよろしからんと思うのである。

ゆきわりそうの葉は、冬を凌いで枯れずに残っているゆえに、このごとき葉を学術上では常緑葉と称する。春日、この葉の生じている中央部から花が出るが、その花は始め細毛のある数枚の鱗片をもって覆われている。また花と同じく新葉もまたこの鱗片のうちに潜んでいるが、これは花よりは内部に位している。花が出で、次いで新葉が伸びる。この新葉が伸びて生長すると、前年よりの旧葉は漸次に枯れ朽ちて新葉がこれに代わるのである。花は一株に数個を出すが、みな花梗がある。この花梗は一つずつ鱗片の腋に生じて地下茎の頭部に出で、白き細毛が生じており、かつ葉がない。このごとく地下茎より出でて葉のない花梗を学問上で葶と称する。ゆきわりそうにあってはこの葶の梢に三片の全辺なる小さき葉があって緑色を呈しており、かつ直ちに上の花に接近している。これを苞と称する。これは萼の形をしているけれども萼ではない。この苞がこのごとく花に接近しているというところから、学者によりてはこれを Anemone すなわちいちりんそう属から区別して Hepatica なる特立の属としている。Anemone 属の諸種はその苞が花と離れている。すなわちわが邦産をもって例せば、いちりんそう、にりんそう、ならびにゆきわりいちげ等である。これら諸草の苞はみな花より遠ざかっている。

花は萼の末端に一個ありて、きわめて短き小梗をそなえている。その数は六片ないし九片ばかりもあって正開している。その色は白きがふつうであるが、上にも述べしごとく佐渡から出るもののごときは紅紫花のものが多い、その他培養の結果種々の色があって、愛玩家はいろいろの珍品を養うている。この色を有せる花弁ようのものは花弁の観を呈しているけれども、これはもとより色弁ではなくて萼なのである。そしてこのゆきわりそうには一つも真正の花弁は存していないでまったく無弁花である。

　このゆきわりそうの属するAnemone属のすべての種類は、このゆきわりそうの花のごとくその花はみな無弁にて、それを素人が見て花弁と思える有色の部はまったく萼である。萼は通常は緑色をなして決して美観を呈せぬものであるが、植物によりてはそのとおりでないものも少なくないので、このAnemone属の各種はいずれもその萼が花弁状を呈している。他属ではあるがおうれんなども同じく萼が花弁状を呈して白色であるが、これには花弁の変形せしものがその花弁状萼の次にありて小なる黄色の柄杓の状をなしている。せっぷんそうもまたそのとおりであるが、その真正の花弁は二叉状を呈している。このゆきわりそうの属するうまのあしがた科（毛茛科）の中にはこのごとく萼が花弁状をなしているものが少なくないので、てっせん、かざぐるまのごときもまたこの一例である。

　この萼の次には多数の雄蘂がある。植物学上ではこのごとき二十以上の雄蘂を不定数の雄蘂と称し記載の時にはときどき8の字を横にしたようなもの、∞の符を用うる。この雄蘂には花糸と葯とがあって葯は二胞室を有し胞室内には花粉と称する細粉が満ちている。花糸とはこの葯の柄の名であって、ゆきわりそうのものは葯より長くあるが植物によってはかえって葯より短きものもある。

雄蘂の次すなわち花の中央には雌蘂があるが、ゆきわりそうの雌蘂は一個一個分立したる雌蘂が二十個内外も一団をなしておって、各雌蘂は子房とごく短き花柱と柱頭とを有している。この子房の中には一顆の卵子があって子房の室の頂辺より懸垂して生じている。しかしてこの子房は、花の後には学問上で痩果と称する小さき果実となるのであって、その果皮は緑色でついに開裂せずにすむのである。

花とともに新葉が出ずるが、花のときはこの葉はきわめて嫩《わか》くて白毛を被っている。花がすむとこの葉がだんだん舒長し旧葉に代わりてその年の葉となり翌年花後に枯るるのである。

天保の頃著わされた本で『長楽花譜』と称するものがあって、このゆきわりそうのたくさんの変種の図を載せてある。今その書中に載せある品種の名を挙ぐれば左のごとく多くの種類があるのである。

○谷間の月　○金紋紗（一名緋車）　○瑠璃くらべ　○日の出の鶴　○紫雲　○朱雲台

○感陽閣　○玉がき　○伊達錦　○練帽子　○東鑑　○東錦　○宇治の里　○紫雲鑑　○峯の雪　○松の雪　○紅杜若　○初霰　○富久津々美　○鳴海錦　○芳野土産　○春の空　○春日野　○昼の月　○豊の春（一名千代の宝）　○花曇り　○禿松　○加賀更紗　○墨染　○旭の峰　○花の王　○菊葉　○花くらべ　○藤おとめ　○昇仙橋　○六玉川　○禿立　○富士の雪　○朝空　○錦の梅　○瑠璃鑑　○赤地の錦　○烏羽玉　○雲井の司（一名浅涼殿）　○奉幣　○千代の春　○匂う宮　○貝細工　○見芳野　○簸の曠（一名簸の梅）　○車かえし　○松島錦　○梅園　○八つ橋　○旭の野田　○花染衣　○雪かかり　○雲井の夜　○藤の梢　○紅更紗　○大江雪　○鷺の尾　○雄蕗の鏡　○晴間の不二

当時には上に挙げたるごとく多数の変り品が養われてあったとみえるが、今日にてはこれほどたくさんの品を集めている人はおそらくはなかろうと思う。しかし今日この植物に趣味を持っている人があって、種々の変り品を得んと欲するなれば人工媒助法を利用して種子を生ぜしめ、これを播種せばたちまちその目的を達するを得るのである。

ゆきわりそうはすなわち雪割草の意味にて、この花が春早く開くより雪を分けて花を開くということから、かく名づけたものである。学問上ではこれを Anemone Hepatica *L.* と称し、異名を Hepatica triloba Chalx. と呼ばるる。この Hepatica は肝臓のことで、この植物の葉の裂耳片があたかも肝臓の裂葉に似ているより、かくは名づけたものである。ゆえに英語ではこの草をLiver-leafあるいはLiver-wortと俗称する。それから昔はこの葉が肝臓に似ているから、これが特別に肝臓の病にきくものだと信じられておったとのことである。

この草は北半球の温帯中その寒き部分に散布し欧洲、北アメリカ、アジアのシベリアウラル地方ならびにわが日本に産する。しかしてその北限は樹木の生じているかぎりこの草もともに生じている。この草はこのように樹林の下に生じ、冬は枯れたる落葉に埋まっているが、一陽来復のときが来て雪が融くるや否やその可憐の花をその落葉の下より擡《もた》げ出すのである。それゆえ前にも記せしごとくこれを雪割草と称するにいたった。

## ゆきわりそうの記載法

| 器関 | |
|---|---|
| 植物 | 多年生、無茎草本、高さ、三ないし五寸ばかり |
| 根 | 多年生、多数、分枝、長き鬚状 |
| 茎 | 地下生、根頭生、多年生 |
| 葉 | 根生、有柄、常緑、革質、三尖裂、鈍頭あるいは鋭頭、掌状脈 |
| 花序 | 根生の葶、一花、細毛あり |
| 花 | 無弁、卵形の三片よりなる総苞あり |
| 萼 | 花冠様、白、紅紫あるいは紫 |
| 萼片 | 六ないし九片、長楕円形あるいは倒卵形 |
| 花冠 | 無し |

| | |
|---|---|
| 花弁 | 無し |
| 雄蘂 | 多数、子房下生、白色、花糸は細長 |
| 葯 | 楕円形 |
| 雌蘂 | 多数、緑色、有毛 |
| 子房 | 長楕円形、分立、単一 |
| 柱頭 | きわめて短き花柱あり、鋭形 |
| 果実 | 十二あるいはそれ以上、長楕円形の痩果、上部有毛 |
| 種子 | 各心皮に一個 |

（産地）乾きたる森林地（花候）二月

（分類）顕花植物、双子葉門、離弁花区

（科名）うまのあしがた科

（名称）｛（和名）ゆきわりそう
（学名）Anemone Hepatica *L.*

# 萌え出ずる春の若草

春の野に出でて若菜を摘むという、つまり摘み草ということは、昔からあるゆかしい風習であるが、多くの人は摘み草はいつでも摘むべき草の種類をごくわずかより知っていない。せりは一番よく摘まれる草でなんにしても美味しく、ことに高い香りが喜ばれる。

## よもぎ

だれもが知っている草であるが、これは餅に入れて食べるよりほかしようがないのでちょっとおっくうである。余談に入るがこのよもぎの餅の起原は、おそらく今日のような糯《もち》米《ごめ》などのできなかった頃、普通の米ではなかなか餅にならないのでつなぎとして草を入れたものらしい。その草も始めはよもぎでなく母子草（おぎょう）を用いたものである。あの草の葉の表裏に白い毛が生えているので、それがつなぎになったのである。のちにだれかがよもぎを見出して、やはりよもぎにも毛があるのでつなぎに用いてみると香りもよし立派な餅になったので、よもぎなら母子草よりもたくさんあるし葉も大きいので大変いいというので、よもぎの餅が一般に用いられるようになったらしい。このほかにもつくしとかなずなとかいうのは、だれもが知っているが、ふつうの人に知られていないもので食物として趣味ある植物がたくさんある。それらを一方また植物学的に観察することも興味深く、かつ知識の習得の上にも非常によいと思う。

### げんげの葉

四月頃の田の面を一面に蔽うて咲くげんげの花、あれの若葉は非常に美味しいということが支那の書物にある。そこでいつか摘んできておひたしにして食べてみたところがいっこうにうまくない。なぜだろうと思って、今度は支那式に油でいためて塩、胡椒、それに少しの醤油を加えて食べてみたら、ほんとうに美味しかった。また支那人はよくしろつめ草（White Clover）の葉を食べる。これもげんげのような方法で食べたら美味しかろうと思う。

### 種つけ花

これも四月頃の田の中に咲く花で十字科に属し無毒である。秋の末から生えて春の初めに繁殖し、苗代へ稲の種を下ろすころに花咲くので種つけ花と呼ばれる。このまだ茎の出ないうちに採っておひたし、または油でいためて食べるという。これと縁の近いものに大葉種つけばながある。

## 大葉種つけばな

宿根生で武蔵野の原、水清きほとりに行くとたくさん生えている。これは冬のうちより出ている。葉に少し辛味があって、刺身のつまにするとなかなか雅味がある。愛媛県の松山では冬のうちに付近の高井村というところから農夫がこの草を売りにきて、八百屋で売っている。松山では昔からこれをていれぎといって松山名物にかぞえ「高井のていれぎ」という文句が俚謡《りよう》にまでのぼっている。しかしこれは松山の特産ではなくて東京付近にもたくさんあるのであるが、東京の人がこれを利用しないのはおそらく野草に不案内なためであろう。ていれぎは葶藶と書くのであるが、これの本物は犬がらしという植物なのである。それを昔の人が間違って大葉種つけばなにこの名をもっていってしまったのである。

## 犬がらし

庭先、道傍、野原などにたくさん生えている。塩漬にするか煮るか三杯酢にするかして食することができる。葉の形は蕪の葉を小さくしたようなもので一株から叢生している。薹《とう》が立つと小さい黄花が咲いて針状の長い実ができる。

## すかし田牛蒡

これは犬がらしと兄弟のような植物で、春芽立つものであるが、茎の出ないうちに採って犬がらしと同じ方法で食べられる。

## 川ぢしゃ

このごろ野に出でて、川辺とか湿地のようなところへいって見ると、川ぢしゃというものがある。葉が軟らかく毛がなくて春はまだ茎が立たぬので地を這うている。葉の色はやや紫味を帯びている。これを採って酢味噌あえにすると美味しい。葉が軟らかいのでちしゃといい川辺にあるために川ぢしゃといわれている。播州明石辺の料理屋では、この種子を取っておいて蒔いて、その可愛らしい貝割れを刺身のへりにそえる。ちょうど蓼《たで》の実生をそえるようにそえるのであるが、蓼のように辛味などはなく、ただ体裁だけである。しかしちょっと雅趣がある。

## 萱　草

春の野外、川の堤、山の麓などに萱草（やぶかんぞう）というのが生える。萱は忘れるという意味で支那ではこの草をもっていると憂を忘れるとのいい伝えがある。またこれを宜男草ともいい、この草を婦人が帯びていると男子を生むといわれている。この萱草が春の初めに生える。ちょうど百合の葉のようで薄緑色をしている。これを根元から採って湯煮して酢味噌あえにすると、甘味があって美味しい。これが生長して夏になると二尺以上に茎が立ち、鬼百合を八重にしたような花が咲く。花の色は樺色をしている。この花、あるいは明日咲くという蕾を摘んできて牛鍋などに入れると花に甘味があってたいへん美味しい。また三杯酢にしても美味しい。この花を食べるということは日本では珍しくて趣味あることと思う。支那では八重咲きのものには毒があるなどと書いてあるが、それは無根のことである。この草はまた秋の末、芽が二、三分出たころにそれを採って、上等の料理に用いることがある。甘味があって乙なところがある。これは東京付近にもたくさんある。

## 黄　萱

これは萱草と同属のもので東京付近にあるが、信州辺にはことにたくさんある。これは若葉は食べないが夏たくさんの花が咲く。毎夕一輪ずつ開くので夕すげの名がある。その明日咲くという蕾や花を採ってきて同じ方法で食用にできる。支那にはこの草がたくさんあるとみえて昔から食用にしている。その蕾を採って湯をとおして日に干しこれを金針菜と名づけて乾物屋で売っている。これを湯煮して前のような方法で食べる。

## こうぞり菜

春の野外でよく出会うものにこうぞりなというのがある。葉が長大で剃刀のような形をしているのと、その葉に毛があって手を触れると切れそうなのでこの名がある。これは湯煮すると軟らかになるからおひたしなどにして食べるといい。山道や野原、山の付近の荒地などに地面へついて拡がっている。

## たんぽぽ

これはよく摘まれる草で、この花は黄色いのがふつうとされているが、ときには白い花のがある。東京付近には少ないが国によっては白いのばかりあるところがある。この白と黄とは全然別種で食用としては白の方がいい。白の方は葉が軟らかくていくぶん大きく野菜的になっている。もしこれを畑に培養して葉を大きくし軟化させて用いたら「サラド」

用にもなると思うが実際に試みたということをあまり聞かぬ。西洋のたんぽぽは日本のとは別種であるが日本へも来ている。北海道にはこれが野生している。西洋ではこれを作って「サラド」用にしている。日本の黄色いたんぽぽも同じように培養すればいいものになるであろう。かく野草を培養して野菜に仕立てこれを食膳にのぼせることは興味深いことである。

## 釣鐘人参

山の麓などをたずねると釣鐘人参というのがある。これは花が釣鐘に似て根が薬用人参に似ているのでこの名がついたのである。また沙参《しゃじん》ともいわれている。根も葉も食べられる。葉は茎が三、四寸のころに摘みおひたしにすると一種特別の香りがあって美味しい。日本の民間ではこの草をとどきといっている。これは古くからの名ではあるまいかと思う。信州地方ではこれを美味しいものの一つとして

　山でうまいものはおけらにとどき
　　嫁にくれるも惜しゅござる

という俚謡さえある。これを摘むと白い汁が出るが毒ではない。根は白く太く肉があるから土地の子供が生食する。

## おけら

前の俚謡の中におけらというのがあるが、これは昔の和歌にうけらが花といわれている。東京付近の森の中にもある。葉に白い毛が生えているがかまわない。このおけらは蒼朮《そうじゅつ》といって根を漢方の薬にする。

## 桔　梗

前にいった沙参は植物学上桔梗科に属するのであるが、これと同属である桔梗もまた若芽が食用にできる。根は漢方薬になる。桔梗は草花として作るので、若芽はあまり食用にはしないが食べれば美味しいものである。

## おらんだがらし

多摩川辺に行くと西洋草だが、おらんだがらしというのが水中に繁殖していることがある。これは Water cress（ウォーター・クレス）といい明治初年ごろに渡来したもので原産地は欧洲である。繁殖力の盛んなもので深い山中にまで生え込んでいることがある。日光湯元の奥の、蓼の湖という湖にまで繁殖しているのを見た。この草は通常西洋料理の皿に付けているが日本流には味噌汁の実、胡麻あえなどにして四時食用にできる。

## 野　蒜

これもふつうの摘草の一つで、根をひいて酢ぬたあえにするのがいちばんうまい。これはねぎ、らっきょう、にらの類で似たような香りがある。根をらっきょうのように漬けて食べても美味しかろうと思う。

## 浜防風

もし海辺へ行く人あらば浜防風を採らるるがいい。これは相州房州などの海辺などには砂地にたくさん生えている。この若い葉を刺身のつまなどにする。紫色を帯びてすこぶる美味しい。八百屋にあるから八百屋防風の名がある。春の砂地を分けて葉柄やら茎やらを採ってきておひたし、三杯酢などにして食べるとまことに美味しい。昔から日本で薬用として防風といわれたものもこれであるが、じつは真の薬用防風は別なもので日本には野生はない。この浜防風は青い所よりも砂に埋まった白い所を賞味する。

## つる菜

鎌倉海岸辺へ行くとつる菜というのがある。茎が蔓のようだからその名がある。春から秋にかけて繁殖するものであるが、暖かい土地などでは冬でも残っている。年中花が咲いている。この葉をひたしもの、汁の実などにして食することができる。これは胃癌の薬になるといって食する人があるが、実際は胃癌の薬とは異なっている。別に胃癌の薬になる植物があるのであるが、それに浜ちしゃという別名がありつる菜にもまた浜ちしゃという別名があるために誤られたものである。つる菜は種子を畑へ蒔くといくらでも繁殖する。四季いつでも繁殖してたくさんにとれる。あかざの葉のようで厚いのである。これが西洋人の注意を惹くようになったのには一つの話がある。昔ある船がニュージーランド付近を航海していた時、船中野菜が欠乏して船員がみな壊血病に苦しんだ。このとき付近のニュージーランドへ船をつけてみるとこのつる菜がたくさんに浜辺に繁茂していたのでさっそくこれを採って食べたら壊血病がすぐ治った。爾来西洋人はこの草をニュージーランド・スピニジと呼んでいる。すなわちニュージーランド菠薐草《ほうれんそう》の意である。挙げ来れば限りがないが、とにかく人に知られていない食用の野草がたくさん野外に萌え出ているのであるから、日かげうららかな春の野を愛づる人々は出でて大いにこれらの草を摘み、その食べ方をも新たに研究せらるることをお勧めしたい。ただ毒草を誤って採らぬよう注意せねばならぬから、なるべくは適当の指導者のあることが望ましい。女学校の先生などが日曜にでも生徒を野外に引率して摘草を試みるなどは非常に趣味深く、かつ知識を養ううえからいっても生きた野外の指導方法であると信ずる。

# 世界に誇るわが日本の植物

## すげでは世界の一等国

わが日本は非常に植物の豊富な国である。ことに土地が南北に長いものであるから、北は寒地の植物が繁殖し南は熱地の草木が鬱茂《うつも》し、その中間には暖帯温帯の品種が生じて、したがって種類の豊富をいたしたものである。今その中について見るに、すげ属（Carez）のごときはその一属中にじつに三百余種の種類すなわち「スペシース」を含みて世界のすげ一等国の資格をそなえ、またすみれ属（Viola）も一属中にこれまた五十種ばかりの品種ありて、世界に冠たるものである。このごとき有様ゆえわが日本には世界に誇るべき植物が決して少なくない。今ここにその中の主なるものを挙げてその一斑を示してみようと思う。

## 日本一の名花

わが国で世界に対して誇るに足る第一の植物はさくらである。ここに私のさくらと言いしはやまざくらとさとざくらとの一群を指したもので、これらの中にはじつに種々の園芸的変種が含まれておって、その数実に数十品にのぼっている。かのひがんざくら並びにえどひがん（東京人の呼ぶひがんざくら）もまた外国には無論これなき種類なれども、私のここに言うさくらの品種中には入っておらぬ。これは植物学上まったくやまざくら並びにさとざくらとは別の種類であるからである。わが日本のやまざくらはだいたいこれを二つに大別することができる。すなわち一つは北方の品で一つは中部ならびに南方の品である。この中部ならびに南方のものがいわゆる世人の呼ぶやまざくらであって、北方のものはすなわちおおやまざくらである。このおおやまざくらは北は樺太より南は本州の中部までの間に産する。このさくらから家植のさくら、すなわちさとざくらが幾品か出ている。やまざくらはいわゆる「朝日に匂う山桜花」と歌われしものでじつにわが国花中の王である。その春日うららかなる日に、霞のごとく雲のごとく四方の山々を飾るさまはじつに世界に比類のない景色であると思う。さとざくらとはやえざくら等の家植のさくらの一群で、品種がはなはだ多い。いったいにやまざくらよりはおくれて花の咲くものであるが、花が濃艶であってまことに美しい。これまた決して外国で見られぬわが国の名花である。

## 桜の珍種染井吉野

近来そめいよしのと称する桜がだいぶ繁殖してここかしこにふつうに見られるようになった。ことに東京市中の桜は大部分この品である。この桜は昔はなかったものだが徳川の末葉ごろから植え始めたもので、染井の花戸から出たものだということである。ゆえに吾人はこれを染井吉野と呼んでいる。植木屋などは単に吉野と呼んでいるがさように呼ぶと和州吉野の桜と間違うから吉野の上に染井を添えて染井吉野というのである。この桜はやまざくらならびにさとざくら等とは別種のもので、学問上ではプルヌス・エドエンシスと称する。その花はたくさん枝に満ちて開きすこぶる濃艶であるから都会の花としてはじつに申し分がないと思う。この桜もまた世界に対してその美を誇るに足る一つである。

## 欧米人の賞観する椿

つばきもまたわが邦の名花であってこれはとっくに外国へ渡って大いに外国人をあっと言わせたものである。外国では日本人がびっくりするほどたくさんの品種を集めてとっくの昔その品々がみな書物となって出ているくらいである。同属中のさざんかもまた外国に誇るに足る花木の一つである。また、ちゃも欧米人に珍しく感じられる灌木たるを失わぬ。

## 支那渡来の梅と菊

うめは元来支那から渡ったものであるが、わが日本の風土に適してよく繁殖し、世人がひどくこれを観賞するあまり、したがって多種の園芸的変種ができている。これも外国にはない花木の一つである。このように元来わが邦にはなかったものが、支那もしくは朝鮮より渡ってわが邦のもののようになり、その美を世界に誇りおる植物は決して少なくない。すなわち、ぼたん、しゃくやく、はす、あじさい、かいどう、あさがお、せきちく、はくもくれん、きくなどはその中の主なるものである。この中でぼたん、しゃくやく並びにきくはたいへん種類が多くなっているが、中に就《つい》てきくは昔時支那渡来以来大いにわが邦にて発達ししたがって種々の名花ができ、品種もまたきわめて多くなって幾百品を数うるにいたり、かえって本国の支那よりは遠く優った国となっている。そしてこの菊がわが国より西洋へ行ってまたかの地で大いに種類が殖え、きく属すなわちクリサンテーム属の第一の立ものとなっている次第である。

## 藤は日本固有の産

ふじはわが国に二種支那に一種あるが、支那の種は早くから西洋へ行って向うの人の目を悦ばしめたものだが、かえって近いわが日本へは来ていない。日本のふじは日本固有の産で二種とも山地に自生品がある。家植のものは、もとこの自生品を採って植えしもので、栽えた後に白花のものや八重咲のものができたものであろう。その二種の一つはやまふじである。花穂短く花大きくかつ早く咲くこのものの白花のものがしらふじである。また一つは通常ふじと呼ぶもので、花穂が長く花が小さくやまふじより少しおくれて咲く。この品をまた野田ふじと称するのは摂州の野田に一つの名木があったからである。この名木も近年土地の発展につれて人家櫛比《しっぴ》し、今は見る影もなくなっているとその土地の人に聞いたことがあるが、はなはだ惜しいことである。これらのふじもまた外国には産せぬのである。

## 山吹もまたわが邦の特産

かざぐるまは蔓本であってりっぱな大花が咲いてまことに美しい。とっくに外国へも渡っているがこれも自慢するに足る一品で、せんにんそう属中の立ものである。やまぶきはわが邦の特産で自慢のできる灌木である。既に早く外国へも渡っている。つつじ並びにしゃくなげの類でも外国に誇るに足るものが少なくない。きりしま、れんげつつじ、りゅうきゅうつつじ、むらさきりゅうきゅう、やまつつじ、さつきつつじ、ほんつつじ、みつばつつじ、けらまつつじ等、算えくればたくさんある。またしゃくなげ、おおしゃくなげ、ほそばしゃくなげ、はくさんしゃくなげも外国にない品種で、外国には好かる花木である。

## 園芸的変種に富むかえで

かえで属の品種はわが邦にはずいぶん豊富にあるがしかしその中で、最も世人に貴ばれまたは賞めらるるのは、かえですなわち学問上のアセル・パルマツムである。この品にはじつにたくさんの園芸的変種があって、その葉形並びに葉色が種々雑多である。このように一種で変わったものは同属中の他種には決してないので、これまたわが邦の誇りとするに足るのである。その紅葉はまたじつに美なるものであることは世人のあまねく知るところのものである。

## 外人の珍重する竹

たけは西洋にはないのでかの地では大いに珍重がられている。それゆえ園芸品として気候の許すかぎり栽培して観賞されている。その品種は、もうそうちく、はちく、まだけ、くろちくを始めとしてやだけ、なりひらだけ、めだけ、はこねだけ、かんちく、しかくだけ、おかめざさ、くまざさ、ちまきざさ、ちござさ、かむろざさ、きんめいちく、ほうらいちく、ほうおうちく、すおうちく、しぼちく等とっくに西洋へ渡っている。

## 多種多様のひば

わが邦のひばの類はひのき、さわらより変わり来たったもの、ならびにあすなろなどより出たものをあわせてその品類がきわめて多く、各特異の形貌を呈して種々の趣があるものであるから、庭園の装飾樹として尊重せられおることは世人のあまねく知りおる事実であるが、西洋人の目にもこれらひば類がたいそう趣味深く見えたものであるからたちまち欧米各国へ渡りて好評を博したわけである。このような有様ゆえ、西洋で出版した書物の中にもわが邦産のひば類が詳しく出ており、また学者がよくこれを研究してその品類を定めている。

## 公孫樹に蘇鉄に棕櫚

いちょうすなわち公孫樹は元来支那の原産であるが、遠き昔いつごろかわが日本へも植えられてから今はほとんど日本産のようになっており、西洋の書物などを見てもその原産地が支那並びに日本と出ているほどである。この立派なる樹木はじつに植物界中の珍種でまことに誇るべき資格あるものである。以前はただ松柏科中の一種としてあったが、今よりおよそ四十年ほど前に平瀬作五郎氏がこれに精虫のあることを発見して、にわかにこのいちょうの植物学上の位置が確定せられ、すなわち松柏科の中から離れて別に同じく裸子植物中にいちょう門が建てられて、松柏科を含める毬《きゅう》果《が》門と肩をくらぶるにいたったのである。右の事実があるばかりでなくその樹勢の壮大なることと寿命の長きことと秋にいたって美麗に黄葉することなどありてこの樹がきわめて名高きものとなっているのである。そてつもまたわが邦の特産でいちょうに次いで面白き植物であるのみならず、これもまた世界へ見せびらかすに足る一つである。

しゅろ、すなわち、わじゅろもまたわが邦の特産である。しかしとうしゅろすなわち棕櫚は支那の特産であるが、共に世界へ向かって自慢のできる植物である。

## かつらに柿に枇杷その他

やまぐるまという常磐木があってわが邦諸州の深山に生じている。この樹皮からとりもちが製造せらるるので一つにとりもちのきと称するこの樹は、植物学上では比類の少ないもので、やぐるま科と称する特別なる一科をなしており、かつわが邦の特産である。別にふさざくらと称する落葉樹があってこの科に属しているが、共に世界に向かっては珍しき植物である。

めまつ、おまつ、こうやまき、いぬまき、あすなろ、つが、とうひ、もみ、はりもみ、かや、すぎ等もみな外国に誇るに足る松柏類の樹木である。

かつらもまたわが日本特有の落葉喬木であって、これも世界へ対して誇るべき品である。かつら科という特別なる一科をなして独立雄視している。

びわ、すなわち枇杷は支那にも産するが西洋にはないので、向うでは珍しく感じている。かき、すなわち柿は果実として世界に誇るべきものである。支那にもあれどもわが日本で最もよく発達しており、したがって種々の品種がある。西洋の人は珍しく感ずる果実の一つである。

## 花菖蒲に百合

はなしょうぶは、わが邦の名花として外国では大いに賞観されている。外国にもこの属、すなわちイリス属の品種は種々これあれども、このはなしょうぶのように立派でかつ花色の変化の多きものは他にないので、これまた大いにわが邦の誇りとするに足るのである。ゆりは日本産のものが世界で一番名高い。年々わが邦より欧米諸国へ輸出する球根はじつにおびただしきもので、幾万という数が毎年出て外国輸出植物中の巨擘《きょはく》となっている。その中で最も名あるものは、てっぽうゆり、やまゆり、かのこゆりであって、その他おにゆり、すかしゆりなどもみなとっくに外国に渡っている。日本の百合の根は外国で久しくもたないため、毎年毎年日本より絶えず外国へ輸出しているから、その輸出商人にはだいぶの金が外国の商人より入りおるのである。欧米人に百合花の嗜好のなくならない限りはいつまでも商売ができてまことに万歳のいたりである。

さくらそうもまたわが邦の特産で外国にはない。昔より園芸的変種が二、三百もできておって花容花色に変化が多くまことに優美に花を開くのであるが、この変り品は日本では古くよりあるが、しかし西洋へはただその中の一、二が行っているばかりのようである。このようにたくさんの変り品が一種より出ているものはさくらそう属中の他の種にはないことで、これもまたわが邦さくらそうの誇りである。

## 寄生植物やっこそう

植物学上で最も珍しきわが邦産の一つはやっこそうである。これはしいのきの根に寄生する寄生植物で四国の南部および九州の南部に生ずる。高さは二、三寸しかなく葉がなくて大なる鱗片があり茎に生ずる。その頂に一つの花が咲くがその花はただ一枚の萼と帽状をなせる雄蕊と一雌蕊があるばかりである。全体の色は薄茶色で緑色は少しもない。このやっこそうはかの有名なるラフレシアを含めるラフレシア科に入りそうでまったく別の科であるから、私はさきにやっこそう科と称する一新科を建てたのである。顕花植物中で新科をわが日本に建てたのはこれが始めてである。学術上の名称も無論新しく名づけたので、それは Mitrastemon Yamamotoi Makino というのである。

# 箱根の植物

箱根の植物はその地の接近せしゆえばかりでなく、太古よりその由来するところが同じとみえ、駿州富士山方面の植物と類似しおることはこれをその他の付近の植物に比すればいっそうはなはだしき点があるように感ずる。すなわち箱根・富士方面は植物分布上多少自ずから一区をなし、この両地が同じくもと火山であってその地勢が相似ているより、ここに適応して生ずる植物にも、同じものが多いわけならんと思う。そしてこれらの中にはこの土地でなければなかなか得難きものがあり、また他の地でも見出すことのできるものもあるが、植物分布あるいはその種類を調査しまたは玩味する人々に対して箱根はすこぶる興味ある一区の一つに算えらるる。しかしこれを他の方面に比してその状態が非常に異なっており、またその植物の種類が多数群を絶って違っていると言い得るほど、特別に異采を放っているではないが、ともかくも植物についての箱根は一顧の価値ある土地の一つであると言ってさしつかえがない。しかし富士山よりははるかに低いから、その植物の分布も最高の処で灌木帯を出でてはおらぬ。それゆえいわゆる高山植物の種類ははなはだ少なく、まことに寥々《りょうりょう》たるありさまである。

## 植物研究の歴史

箱根は植物上には歴史を有しておってすこぶる吾人に感興を与えるのである。すなわち西暦千六百九十年、わが元禄三年、かのドイツ人 Engelbert Kaempfer 氏が始めて長崎へ来たり、その翌年の春、オランダ貢使に従うて江戸へおもむく途次この箱根山を越え、山中にてはこねそうを見て、この草は婦人の産前産後に用いて薬効ありと教えしことがある。同氏帰国後、すなわち西暦千七百十二年に出版した同氏の著『外国奇聞』(Amoenitarum Exoticarum) にはその八百九十ページに Fakkona Ksa として、箱根山に産し薬用になる由記載がしてある。このはこねぐさは羊歯《しだ》の一種で、本草家は従来これを『本草綱目』の石長生に当てているが、果して正しいかどうだか、わが邦の植物をこのごとき漢名で呼ぶことの嫌いな予には、いっこうにその当非を詮議したことがない。学術上の名称は Adiantum monochlamys *Eaton* である。このはこねそうは必ずしも箱根に限って生ずるわけではなく、その他諸州の山地に見るのであるが、この地にもまたこれを生じておったもんだから、たまたまこの遠来の珍客に認められたわけである。そしてこのはこねそうの名は、このときよりできたもので、また一つにこれをおらんだそうと呼ぶのは、かく洋人の首唱で世に出たからでもあろうが、この草の葉柄、葉軸ならびにその枝は紫黒色で光沢がある。これを束ねて小さきホウキを製する。これを「たまぼうき」と唱える。すなわち机上の雅品である。

次にかの有名なるLinné氏の高弟で医士兼植物家なるC. P. Thunberg氏が西暦千七百七十五年、わが安永四年に長崎に来たり、その翌安永五年春またオランダ貢使とともに東海道の諸駅を過ぎついに箱根を越えて江戸に到着せしが、その箱根山を通過の際はその筋から特に徒歩を許されたそうだ。同氏は非常によろこんでその大峠の八里の間、左顧右眄《さこうべん》しきりに山中の植物を採集したということである。それゆえ同氏が一年間ほどもわが日本に滞留し、帰って著わした『日本植物志』（Flora Japonica. 西暦千七百八十四年開版）の中には箱根（Fakona とあり）の地名が、そこここに散見している。ことに同山に多きくろもじについてはその図まで掲げてあって、その記載文の始めの方にはKuro Moji なる和名があり、またその終りにはわが邦人がその材にてつまようじを作ることが付記してあってこれにLindera umbellata *Thunb.* なる新学名が下してある。

しかるにその後の学者Siebold氏、Zuccarini氏、Blume氏、Meisner氏、Miquel氏、Franchet氏ならびにMaximowicz氏など、みなこのThunberg氏所有の植物をわが邦中部以南の山地に生ずるかなくぎのきと間違えて記述し、Maximowicz 氏のごときは、上のごとくこのくろもじの学名があるにかかわらず上記のごとき誤謬に気が付かずして、さらに新しく箱根産の同じくろもじに、別の名称すなわち Lindera hypoleuca *Maxim.* と名づけている。元来箱根にはかなくぎのきは生じておらぬのみならず、この木の材ではあえてつまようじを製することがない。くろもじの花は株によりては新葉の出ずる前に開くものもあるが、また新葉とともに出ずるものもありて一様ではない。Thunberg 氏の図説したものは後者である。

## 学術と植物名

次に箱根は、横浜の開港場に近くかつ温泉場なるうえに山中には芦の湖の鏡を開くあり、付近には富嶽の矗立《ちくりゅう》してこの山に対するありてその風光景致の凡でないところより、横浜ならびに横須賀に在留もしくは上陸せる西洋人のこの地に来たりしものが少なくない。中には同地の植物を採集せし Savatier, Bisset 等の諸氏などありて、これらの採集品はその後みなしかるべき植物専門家が検定してその種類を定め新名称を下せしものが少なくない。中には記念として箱根の地名がその植物の種名となりしものなどありて、植物社会の方でも自然にこの箱根が有名のものとなっている。その箱根の地名が種名となっているものには、こおとぎりの Hypericum hakonense *Franch. et Sav.* みやまふゆいちごの Rubus hakonensis *Franch. et Sav.* いわにんじんの Angelica hakonensis *Maxim.* ひながやつりの Cyperus hakonensis *Franch. et Sav.* はりすげ一品の Carex hakonensis *Franch. et Sav.* ならびにひめのがりやすの Calamagrostis hakonensis *Franch. et Sav.* などの種類の植物がある。これらの品はあえて箱根の特有品というのではないが、始めて検定命名者の眼に触れたものはこの箱根の採集品である。

## 理科大学の採集

略々《ほぼ》上に述べしごとき山であるから、わが帝国大学理科大学からも明治十年以後しばしばこの山に植物の採集を試みた。それゆえ只今も理科大学の標品室にはこれらの標品が保存されてある。近年でこそ大学ではあまりこの山に採集をしないが、以前はときどき職員を出張させたものであった。その中で最も同地の植物について趣味を持ち、ときどき行ってその所産の植物を採集研究せられしは、当時同大学に助教授を勤められた大久保三郎氏（大久保一翁の庶子）であった。同氏は同じく同大学の教授であった矢田部良吉氏（不幸にして相州の海に溺死せらる）の同地において採集せられたる植物の標本を基礎としてこれに自採の品種等を加え、箱根植物としてその目録を編纂し、これを『植物学雑誌』第一巻第一号より第四巻に亘る誌上で発表せられた。これが本邦人の同地植物の目録を発表した始めてのものである。これと前後して当時の博物局でも無論同地の植物を採集したのであるが、目録などは公になっていない。この大久保氏の目録によれば箱根産植物の大部分がうかがわれるが、しかしなお漏れたるものも少なくない。加うるにその学名などは、今日はだいぶ変更せられたものがある。

## 芦の湖の水草

芦の湖には種々なる水草が生じているが、その中で沈水して生活している顕花植物の種類に六種あることは予が明治十九年八月に同地に植物を採集せしとき知った種類であるが、なおよく精密に詮索したならさらに他の種類が発見さるるであろうと思う。ことに隠花植物中のしゃじくも属（Chara）ならびにふらすこも（ふつうにふらすもと呼べども、これはふらすこもと称すべきである）属（Nitella）の種類はきっと見出さるるであろう。

さて右の六種はくろも、せきしょうも（共にとちかがみ科の品）、いばらも（いばらも科の品）、せんにんも、ひろはのえびもならびにささえびも（ひるむしろ科の品）であって、この中のささえびもはこの時始めてこの箱根産のもので研究しささえびもの新称を下し、その後これに Pota mogeton nipponicum *Makino* の新学名を命じたる一種である。その図説は『植物学雑誌』第一巻第一号ならびに拙著『日本植物志図篇』第一巻第九集に出ている。この種は今日ではこの箱根のほか、野州日光の湯の湖および信州野尻湖に産することが分かっているが、なおその他の湖にも無論これあるであろうと思う。またくろも以下の五種もこの湖の特産でなくその他にも諸処に産する。要するに沈水生顕花植物にはこの湖の特産物は一つもないのである。ゆえにこの湖はこれらの植物に対しては特状の記すべきなくその関係もはなはだ平凡である。

## はこねの名を冠する植物

上の学術名に、hakonense あるいは hakonensis の記念種名を有するものを挙げたが、和名ではこねの名を冠するものには、はこねそう（前掲）、はこねうつぎ、はこねぎく、はこねだけ、ならびにはこねこめつつじ等がある。

　これらの諸品はみな箱根と縁を有しているもので、中にははこねうつぎのごとくまたははこねそうのごとく必ずしも箱根がこれら植物の中心となっていないものもあるが、その他の品は箱根とはなはだ縁深きものである。たとえばはこねだけのごとき、山中おびただしくこれを生じその産額の豊富なる、ほとんど他にその比を見ぬほどである。尤もこの竹は広くわが邦の諸州に生じ東京付近の地なども無論その産区の一つである。しかし箱根方面ほどに繁殖はしていない。本品は主として壁の骨に使い、また団扇の柄、羅宇、筆管などを製するをもって、人間界に用途ははなはだ多きものである。めだけの一変種でめだけよりは稈も葉も小形である。学術上の名称は Arnudinaria Simoni *Riv.* var. Chino *Makino.* である。

また、はこねこめつつじのごとき箱根以外には多くその産地を見ぬので、この地がその産区の中心となっている。ゆえに箱根には多くこれを産し、駒ヶ岳ならびに双子山などにはあえて珍しくない程たくさんに生えている。この種は小灌木であってしゃくなげ科に属し、つつじ属所属のこめつつじ（Rhododendron Tschonoskii *Maxim.*）に酷似しちょっと見分け難きほどであるが、これとはまったく異にして、別に特立の一属をなしている。その相違の主点は花中にある雄蕊の葯に存し、つつじ属のものはその葯の上端にある小孔より花粉を滲出するけれども、このはこねこめつつじの方はその葯にこのごとき小孔がなくてふつうの植物の葯のごとく長く縦に裂けている。葯の開裂のこのごとき相違は植物を区別するうえについてははなはだ緊切なる識別点であるから、Maximowicz 氏はその著『東アジアしゃくなげ科植物篇』において、このはこねこめつつじを一新属の品種となし、これをつつじ属の外に特立せしめ、もって Tsusiophyllum Tanakae *Maxim.* と新称し、その図説を公にしている。またこの品の図は三好氏ならびに拙者合著の『日本高山植物図譜』第二巻第四十三図版にも出ている。その種名なる Tanakae は田中芳男氏の名誉のためその姓を取りしものである。しかしてこの植物は箱根山の名産と称してよろしい一種である。

またはこねぎくはみやまぎくのことで、これは野州の日光にも生ずるが、ことに箱根の駒ヶ岳などに多いこんきく属なるやましろぎくの一変種である。その頭花は総苞が粘着するからすぐ分かる。またその葉も茎も小形でかつ往々叢生している。学名は Aster trinervius *Roxb.* var. viscidulus *Makino* である。始めこれを Aster Maackii *Regel.* に当てたことがあったが、後精検の結果その種でないことが分かり、すなわち今の学名に改めたのである。

上に算えて挙げた種名に hakonense、あるいは hakonensis の地名を有するものの中に Cyperus hakonensis *Franch. et Sav.* すなわちひながやつりがあったが、この一変種に Var. vulcanicus *Franch. et Sav.* すなわちこひながやつりと呼ぶものがある。この品は箱根の大地獄の硫黄土のところに生ずるが、もと Savatier 氏が採集したもので、予もまた明治十九年にこれを採集した。このごとき火山質のところに生ずるから vulcanicus（火山）の名称を付したものである。

この大地獄で面白きことはここにみずすぎ、すなわち Lycopodium cernuum *L.* の生ずることである。元来この植物は広く熱帯地に生ずる品であるが、わが邦では南方暖帯地よりなお温帯地まで広がりて生じている。しかし箱根辺の地はもはやあまり北すぎて気候が寒いから、通常の場所には無論これを生ぜぬが、独りこの大地獄に限りて生じている。これはこの大地獄がかのごとく熱蒸気が噴出し熱水が湧出してことのほか熱度が高いからである。このごとく、この地に生ずべからざる本種がここに生じおることは箱根にとりてははなはだ面白き現象である。なおこのごとき例を他に求めなば、本種は信州中房温泉場にも生じ、またさらに遠く北して北海道胆振《いぶり》国の登別温泉場にもこれが生えている。たとえ温度高き温泉場にせよ、元来熱帯産なる本種を北海道に見ることはじつに珍中の珍なるものである。とてもふつうの地では生活のできぬものがこのごとく温泉場の暖かき地点を選んでわずかに余命を保ちつつある状は、また一顧に値すべきものである。

芦の湯付近の地において一種小形の羊歯が発見採集せられたことがある。これを発見採集せられたのは大久保三郎氏であったから、矢田部良吉氏が記念のためその種名に大久保氏の姓を選ばれた新学名、Polypodium Okuboi *Yatabe* ならびにおおくぼしだの新和名をこの羊歯に命じてその図説を公にしたのは『植物学雑誌』第五巻第四十八号で、時は明治二十四年二月であった。当時この羊歯はきわめて稀少の奇品と認められ、しばしば吾人の話題に上ったことがあった。幾年かの後、この羊歯が富士山大宮口の深林樹上に採集せらるるにおよんで、箱根以外の地にもまたこれを生ずることが分かった。そこで予はさらによくこれを精査してみたところが、この羊歯は広く東西両半球の熱帯地に産する Polypodium trichomanoides *Swartz.* と同種であるということが分かった。それから後近年におよんで四国ならびに九州方面から続々これを見出し、これらの暖地に生ずるものは箱根産のものよりその形体の大なるもの多く、畢竟箱根は本種の最北極端の一産地であるということが明らかになってきた。しかるに当時の博物局の斯学者は明治十年、とくこれを紀州牟《む》婁《ろ》郡の地に見出して「今回発検の一にして珍草と称すべき者なり」と唱え、これにこけしだ一名なんきんこしだ、むかでしだ、ひめこしだ、ようらくしだの新和名を付したのであった。この発見は大久保氏のそれより少しく早かった。

いま一つ羊歯で珍しきものはからくさしだである。これは始め土佐で発見せられた小羊歯であるが、その後箱根にも産することが分かった。学名は Gymnogramme Makinoi *Maxim.* である。また Bisset 氏が宮の下で採集した一羊歯があって、英国の J. G. Baker 氏がこれに Nephrodium Bissetianum *Baker* の学名を与えた。この羊歯は今その形状を検するに、しのぶかぐまと同じものでないかと思われる。

箱根より富士方面へかけて特産と思わるるものは、みやまにんじんと称する繖形科の一種であって、学名を Angelica Florenti *Franch. et Sav.* と称える。この種は高さ一尺内外の多年生草本で葉は細裂し花は繖形をなし、その全体の状がはなはだよくしらねにんじん、すなわち Cnidium ajanense *Drude.* に似ている。それゆえ従来この両種が混淆しておった。そして箱根にはこのしらねにんじんはなくて、ただみやまにんじんのみがあるばかりであるから、従来しらねにんじんと呼びたる箱根産品はみなこのみやまにんじんに改めねばならぬ。このみやまにんじんの果実には翼があるから、それさえ見ればすぐこれをしらねにんじんと分かつことができる。なおくわしく言えば、みやまにんじんの果実は前後に圧扁せられているが、しらねにんじんの方はその形がやや長くして少しく左右に圧扁せられている。

このみやまにんじんに次いで山中にて注意すべきものはたてやまぎくである。この品も箱根が中心になっているだけありて山中に多く生える。こんきく属の一種で花色白く、その葉はおおばよめなの態があるがおおばよめなの花には冠毛がないからすぐ分かるのみならず、箱根山にはこのおおばよめなは産せぬのである。たてやまぎくの葉は株によりて分裂せるものとしからざるものとありて、両形を具えている。しかし一株上に両形の葉が出るのではない。その学名 Aster dimorphophyllus *Franch. et Sav.* の種名はその葉に基づいて両形葉の意味ある言葉を用いたものである。

山中にかなうつぎと称する落葉灌木があって学名を Stephanandra Tanakae *Franch. et Sav.* と称える。葉は浅く三裂して托葉があり、花は白色細小で細長なる枝端に短き穂をなして開くのである。この品は富士方面にも広がりまた遠く上州ならびに紀州にも産するが、しかし箱根方面がその産地の中心である。この種名 Tanakae もまた田中芳男氏の姓を取ったものであって、箱根植物と田中芳男氏とはよく関係を有している。これは同氏がかつてこの地方で採集したる標品を、一面には当時横須賀在留の洋医 Savatier 氏に贈り、氏よりは右の学名の命名者なる仏国の Franchet 氏にこれを転送せしより、命名者はこれを田中氏名誉のためその姓を種名に用い、また田中氏の標品は一面には露国の Maximowicz 氏の手に渡り同氏もまた田中氏の名誉のために、前のはこねこめつつじにおけるがごとく、その姓を種名に用いたためである。

雁皮紙と箱根と関係があることは、雁皮紙を造る原料植物が箱根に産するからである。しかし製紙は伊豆方面の原料でなされ箱根にはただその原料の植物があるばかりである。元来雁皮紙を造る原料植物に二種ありて、共にじんちょうげ科に属する。すなわち一つはがんぴ、すなわち Wikstroemia sikokiana *Franch. et Sav.* であって、これは箱根辺にはなく四国に産するのである。一つはさくらがんぴ、一名ひめがんぴと称するもので、学名を Wikstroemia pauciflora *Franch. et Sav.* と呼ぶ。これがすなわち箱根に産する品種で、南は伊豆の熱海辺にも生ずるのである。小灌木でその葉に細毛あり、冬月は落葉し花は丁子咲にて四裂し黄色である。樹皮の繊維がはなはだ精緻で強靭であるから従うて良好の紙が製せらるるのである。

禾本科の一種によしくさと呼ぶものがあって、これも箱根がその産地の中心である。Phragmites macer *Munro.* の学名を有し、花戸ではうらはぐさと呼んで盆栽にしてある。多年生草本でその葉がみな裏面を天に向け、表面を地面に向けているのであるから、うらはぐさ（すなわち裏葉草の意）はこの草に対してははなはだ良き名称である。このごとくその葉が上下転倒され、真正の裏面は上となりて天に向かい常に日光を浴びるために葉緑の豊富を致し、真正の表面の方は地面に向かってこれに背くためにその色がかえって薄くなっている。これと同様なる例は同じくこの箱根に産するひめのがりやす、すなわち Calamagrostis hakonensis *Franch. et Sav.* の葉にも認めらるる。この Calamagrostis 属すなわちのがりやす属の諸種の葉はたいてい右と同じき状態を有しており、また四国・中国辺に産するたききびすなわち Phaenosperma globosum *Maxim.* の葉もまたいちじるしき例の一つである。

なお箱根にあって注意すべきものにおやましもつけがある。これはしもつけの一変種でその葉が母種のしもつけよりは小形である。学名を Spiraea japonica *L. fil.* var. alpina *Maxim.* と称える。この他さくらそう科のこいわざくら（Primula Reinii *Franch. et Sav.*）、あやめ科のひめしゃが（Iris gracilipes *A. Gray.*）らん科のおのえらん（Orchis

Chondradania *Makino*)、いわうめ科のひめいわかがみ（Schizocodon soldanelloides *Sieb. et Zucc.* var. ilicifolius *Makino*）等もこの箱根とは縁の深き植物である。また箱根権現神社の林中に、のしゅんぎく一名みやまよめなと称するものがあって、天然に生じている。この品が人家に培養されて花を賞せらるるのしゅんぎくであるが、箱根にはこのごとくその天然生がある。東京では通常あずまぎくと呼んでいるが、これは植物学界の人の称するあずまぎくではない。本邦の特産であって、Aster Savatieri *Makino* の学名を有している。また五葉あけびと称するものがあって箱根宿の西端辺で見たことがある。この品はこの地の特有ではないが、これはあけびとみつばあけびとの間に天然にできた一間種であるから面白い。葉は小葉が四、五片あるが、その大小がはなはだ懸隔しており、かつ葉縁に往々波状の粗歯がある。花穂の大小、花の大小色彩などもあたかもあけびとみつばあけびとの中間になっておって、これを見ればなるほど上の両種の中間に位する品種であるということが首肯さるる。このごとく天然にできた間種を見得ることは容易でないが、この品は上に話せしごとく、その母種の形貌を兼ねそなえているから、この方面の事実を調査する人々にとってはまことに好材料の一つである。

　また山中に、いわなんてんと称する小灌木が処々に見らるる。これはしゃくなげ科の一種であって、これも同じくこの山中に多き一灌木、はなひりのきと同属である。いわなんてんは常緑であって、その葉は三冬の候にも落ちない。通常岩の上に生じてその枝が上より垂れ、これに葉の付きたる状がなんてんの葉に髣髴しているより、いわなんてんと呼ぶのである。盆栽としてすこぶる雅致があるから、往々これを好事家のもとに見ることがある。またはなひりのきは冬月落葉し、花は小形にして見るに足らぬが、この葉を粉となし鼻に入るれば嚏《くしゃみ》をするゆえにはなひりのきと呼ばれている。はなひりとはくしゃみの古語である。この二品あえて箱根特有というべきではないが、この山中には多く生じておって、ことに植物の採集家を悦ばすのである。

箱根山中にて最も豊富に繁茂しているものはすすきであって、その山の円みを帯びたる隆処、その撓《たわ》み込みたる凹所、いたるところこれを見ざるはないほどである。なお終りにこの地でつたと称する挽物《ひきもの》について略記せんに、これはぶなのき、そろのき、かえで、えのきまたはとちのき等の材を朽ちさせて、これに紋理を生ぜしめたもので、これを挽きて箱、盆、皿、玩具等を製するのである。これは伊豆の熱海でも同じく細工に使っている。

# 山草の分布

## わが国分布の大観

日本における高山植物の分布はここの高山には何々、あそこの高山には何々といったように山々によって非常な特色を持っているほどのことはない。まず分布といっても一様の植物が多く、これを大別して南部と北部になるくらいのものである。西南地方すなわち四国や九州は土地が低いから山にもあまり高いものがない。高山の絶頂というのが灌木帯喬木帯で、植物の矮小になったものがある。おしなべて西南地方には岩壁に高山植物と同じような生活をした植物があるが、北部の高山植物のように草本帯に生えていないのである。中国筋は一般に低い山が多く、わずかに伯耆の大山が高山植物帯となっていて、つがざくら、こめばつがざくらなどがある。この山が日本における高山植物系の最西、最南の終点と言ってもよい。これから北方になるにしたがって山も高く地球上の緯度も北に寄り、高山が灌木帯の上にある草本帯を有するようになっている。

いわゆる高山植物の中には日本特有のものもあるけれども、概して日本の下界には欧洲、アジア、北アメリカの北部にある植物が多いが、高山にはその北半球の北部の植物が下界に比してさらに多い。すなわち、日本の上層に生活している植物は欧洲の北部にある植物と関連している。例えば、いわうめ、むかごゆきのした、虫取すみれなどはほとんど北半球の北部にある共通の植物と言ってよい。前にも言ったように、日本における高山植物の分布はここの高山あそこの高山といって植物系によって区別するほどの差はないが、南部の高山にあるものが北海道に行くと海岸に生じている。彼のはいまつとかがんこうらんとかいう植物はそれである。また比較的近年まで噴火した高山には高山植物の種類が少ない。富士山のごときは高いことにおいても位置においても、高山植物の種類に富んでいそうなものだがさようでない。どこの高山にもあるがんこうらん、はいまつがないのをもっても知れるしだいで、これは如上の理由に基づくのである。

高山植物の種類のうち、日本特有のものだがふつうは珍しくないのが、こまくさ、しらねあおい等である。また日本特有であってしかも珍稀な高山植物では、こうしんそう、たかねすみれ、なんぶとらのお、なんぶなずな、めあかんきんばい、おやまえんどうなどである。

## 七、八月咲く種類

七、八月に開花する高山植物はすこぶる多いが左にその三、四を列挙してみよう。
ひめいわかがみ……中部の喬木帯に生じ花候は六、七月、常緑の多年生草本にして紅花白花の二種あり。

いわうちわ……中部の喬木帯に産し六、七月のころ花開く、常緑の多年生の草本なり。

いわかがみ……いわうめ科に属し中部北部の高山喬木帯、灌木帯ならびに草本帯等に産す。花候は六、七月、近畿地方にては丘阜に生ず。常緑の多年生草本なり。

やちらん……らん科に属し中部高山上の湿原に産す。花候七月、多年生草本、日本にてはきわめて稀有にして日光、八甲田山等においてときとして得らる。

えぞこざくら……さくらそう科、北部草本帯（利尻、千島）、花は八月、多年生草本。

ひめしゃじん……ききょう科、中部高山の草本帯（日光）、花八月、多年生草本、この種は白花は稀有にして珍重せらる。

ちしまひなげし……北部高山の草本帯（利尻、千島）、花は七、八月、多年生草本にして稀有なり。

やなぎ草……中部北部の山中原野に産し往々平地にも発見せらる。花は八月、多年生草本にして高さ五尺に達す。

ひなざくら……さくらそう科に属し鳥海山、栗駒山等に産す。花は七、八月、多年生草本。

みやまんねんぐさ……べんけいそう科、中部の喬木帯（信州戸隠山、八ヶ岳等）、花は六、七月、岩上に生じ多年生草本なり。

きんれいか……おみなえし科、一名白山おみなえし、中部北部の喬木帯、花は七、八月、多年生草本。

たてやまきんばい……いばら科、立山、白馬岳に産す。花は八月、多年生草本にして花は細小。

みやまこごめぐさ……ごまのはぐさ科、中部北部の山地に産し花は七、八月、一年生草本。

はくさんちどり……らん科、中部北部の草本帯、花七月、多年生草本。

はくせんなずな……十字科、中部の灌木帯、草本帯（駒ヶ岳、日光）、花七月、下部の葉に長柄あり、花は総状をなし白色なり。花弁小にして雄蕊超出し種子に翅あり。

たけしまらん……ゆり科、中部北部の喬木帯、花は七、八月、多年生草本、漿果《しょうか》赤し。

めあかんふすま……なでしこ科、中部北部の草本帯（釧路雌阿寒岳、羽後鳥海山）、花八月、多年生草本。

つくしぜり……繖形科、南部の草本帯（九州）、花八月、多年生草本。

おやまのえんどう……中部の草本帯（信州駒ヶ岳、白馬岳、八ヶ岳）、花八月、多年生草本。

いわしょうぶ……ゆり科、中部草本帯（山中の温泉）、花八月、多年生草本、花梗の上部粘着。

いわぎきょう……中部北部の草本帯、花八月、多年生草本。

みやまきんばい……中部北部の草本帯に産し、いばら科に属す。花は七月、多年生の草本なり。

みやまりんどう……中部北部の草本帯、花八月、多年生草本にして叢生す。

りしりおうぎ……利尻山、白馬岳に産し花は八月、多年生草本。

みやまあけぼのそう……りんどう科、信州駒ヶ岳、白馬岳、陸中早池等に産す。花八月、多年生草本。

こみやまりんどう……越中立山、越後清水峠、岩代尾瀬平に産す。

おおさくらそう……中部北部草本帯（御嶽、白馬、北海道）、花八月、多年生草本なり。

# 山草の採集

## 白馬岳のお花畑

私もだいぶ方々の高山に登ったが、日光は女峯や男体山はどうかというと、外輪的で比較的高山植物も少ないが白根山は多い。八ヶ岳は登るに都合の良い高山で八ヶ岳むぐら、八ヶ岳しのぶなどは日本ではこの山のみに限る高山植物である。ひげはりすげ等も観賞には適せぬが植物学上珍しいものでこれもこの山に限られている。高山植物についての知識を得ようと思えば信州の白馬岳に登るがよい。東京から行くとすれば上野駅から長野行の汽車に乗って篠井駅に出で、ここから松本行の汽車に乗り替え明科駅に下りる。途中に名所もあるがとにかく、この駅で下車してから北へ六里馬車で行くと大町に着く。ここから越後の糸魚川に通ずる道路を、馬車で行くこと六里にして北城の宿に着く。この北城村は白馬岳の麓で案内者を雇うて行けばすぐ登れる。山の中腹を白馬尻といって雪が多い。その雪の消えている処から絶頂までは雪がなくていわゆるお花畠になっている。雪の消えている近所には芽が出ているが、それがだんだんと進むにしたがって花を開き実を結ぶという有様である。その百花繚乱のお花畠をねぶか平と言っているが、崇高清美の感概はとうてい筆にも舌にも言い尽せない。また絶頂に登って瞰下すると、山の渓谷にはみな雪があって越中、越後は一望の下で富山市も見える。夜などは蛍の光に似たうすぼんやりした光が見えるのは富山市の電灯だが、かような高嶺に登ってこれを眺めると、物質以外のまったく俗を洗った雅景に見える。なお立山の雪白の衣裳を纏うた姿が見えるので真夏の感じは起こらぬ。帰りは雪の上を滑って下りるが、これがまた愉快なもので東京の人はこれのみでも出かける価値はある。

## 登山の準備と注意

登山の心得として私の経験は軽装に限る。頸に雫が入るから鳥打帽はまずい。莚蓑は絶頂に登っても途中で休むにも腰掛に敷かれるから好都合、雨にも結構、丈夫な洋傘もよい。弁当は缶詰物よりも握飯に梅干がよく、味噌汁は山ではしごくよい。

## その他二、三の事

日本の高山植物界にとりて忘るることのできないのは、城数馬、木下友三郎の両氏、松平康民、加藤泰秋、久留島簡、青木信行等の各子爵、小川正直氏、長野県松本の女子師範学校長矢沢米三郎氏、志村烏嶺氏、前田曙山氏、今は故人となった五百城文哉氏等の諸氏がさかんに高山植物の採集をなし、また培養に従事せられたことである。

諸氏は娯楽としてまったく閑却されていた高山植物の採集に努力したために学者側にあっては大いに研究の歩を進めることができた。その時代虫取すみれなどは珍しかったくらいであるが、その後採集の材料はようやく豊富になって、私どもはこれにいちいち名称を付けたり種類を定めたり、ずいぶん研究すべき仕事が多くなったわけで、ついには自分も高山に登るようになった。

かくて一時は非常の盛況を呈するにいたったが、またこうなると一利一害で、植物屋連の乱採が始まり植物保護の取締り規則ができ、今日でも八ヶ岳や白馬に行くには山林区署の許可を得なければならぬという面倒をみるようになり、自然、高山植物採集熱も一時下火らしかったが、また、このごろ少しく頭を擡げてきたようである。

高山植物の知識を広めるためには、東京のような都会には公園の中に「高山植物園」を造るがよかろうと思う。外国のように上方に高く岩を組むようにせず、地下に掘って岩石を置けば空気の乾燥も少なく、場所も取らず、しごく結構だろうと思う。かつこれは高山植物を専門に研究している人に依頼すれば面白かろうと思う。

# 桜

桜というものはわが日本においての名花であって外国にはない、日本だけであるとよく言うのであるが、しかしだんだんと世の学問が開けて植物の研究が届いてくると、桜はわが国の特有なる植物ではなく隣国の支那にもある。また新領土たる朝鮮にもある。樺太にもあるというように日本の内地以外にも桜というものはあるということが分かってきた。けれども桜の分布の状態からいうと日本の内地がその中心となっているから、わが日本の内地によけいこの植物があるわけになる。けれども前述のごとくわが国以外に桜がまったくないというのではない。それゆえに桜は単にわが国にのみの特産であると言われないことになってくる。

右の次第であるから取り束ねて言ってみると桜はアジア東部の植物であるとこういうことが言われるのである。アジア東部がその産区となっているのである。しかしてヨーロッパとかアメリカとかいう方にこの桜はちっともない。ただアジアの東部にあるばかりである。しかし桜が日本の国民性と関連しているというような問題になるとこれは別であって、桜の散りぐあいが武士の生命を軽んずるところに似ている。朝日に匂う山桜が日本の国民性を代表している。こういう話になると植物以外であるから、このごときことは今私がここに申すお話の問題外になる。

朝日に匂う山桜と詠んだその山桜は、日本の中央から始まってずっと西南北方一般に分布している。南の方は大隅国屋久島におよんでいる。ゆえに桜の南の端は屋久島であると言ってよい。

しかるにこの山桜のほかになお一種違うところのものがある。それは私どもの方で大山桜と称えている山桜のように野生している種類である。

この大山桜は南は信州に始まり日光地方を経て奥羽地方におよび、それより北海道に渡りついに樺太におよんでいる。つまりわが邦の北半はこの桜が占領していると言ってよろしい。これに対してふつうの山桜はわが邦の南半を占領していると言うことができる。

東京ではこの大山桜はたくさんにない。上野の公園の帝室博物館の構内に、明治の初めに北海道より持ち来たったものが二本植えられてあって年々よく花を開く。それゆえわれわれ都人士がこの大山桜を見ようならば、右の博物館に行くと見られるのである。

この大山桜とふつうの山桜と比べてみると大山桜の方が花が大きい。また色も深く濃い。

枝がふつうの山桜に比ぶると暗紫色を帯びている。また葉の鋸歯はその先が、細長に毛のようになっていない。葉を一枚取ってみてもふつうの山桜とはすぐに区別がつくのである。ふつうの山桜は葉が赤色を帯びておって花といっしょに出ると、花の色は世間の人がだれも知っているとおりいわゆる桜色でごく薄い桃色である。またずっと淡くてほとんど白色のものもあり、葉は今言うとおりたいてい赤色を帯びているものだが、たまには赤色を帯びぬものもある。

それから伊豆の大島に大島桜という一種類がある。これは伊豆の大島に限って繁茂している。それゆえに大島桜という名の起こるわけであるが、この桜の特色は非常に木が丈夫であってその花の色はほとんど白色である。ずいぶん花が枝上にたくさん付くけれども、どういうわけかこの桜は花があまり見栄《みば》えがない。しかし木が非常に丈夫であって、煤煙などには平気に堪えられる性質をもっている。この桜は近年までは人がさほど注意しなかったところが、木が丈夫であるというところに近年気の付くようになって、しだいに方々に植えられるようになりつつある。

それから近年非常に世間の人が賞美してきたのは吉野桜である。これは東京では上野公園、向島、九段招魂社、江戸川縁、飛鳥山等にあるのはみなこの吉野桜であって、これはわれわれ専門家の方に言わせると染井吉野と称う。これはいずれの時代から起こっていずれの人が培養したかということは充分によく分からぬが、なんでも徳川の末に染井の植木屋がこれを培養してそれが本となって方々に拡まったというのが本当らしい。それゆえ植物学者の方では染井吉野と言っている。これは非常に花もよけい付くし賑やかであるから、雅致といううえから言えば山桜に劣るかも知れないが、濃艶という点から言うと都会の見ものとしてはこの桜が一番好いと思う。つまりこの染井を吉野桜と園芸家などが言っているのはただその名を美にしただけであって、目今大和の吉野にある桜とはまるで種類が違う。ゆえに吉野桜と言えば大和の桜と同じように世間の人が思うだろう。けれどもそれはまったく種類が違うのである。またこの染井吉野はその枝ぶりが横の方に拡がる性質をもっている。山桜は斜めに上方に成長するが染井吉野は枝が横に横にとのびる傾きをもっているから花が咲くとたいへん賑やかになる。それらよりして都会の植物として最も適当であると考える。

　桜の齢のうえからいうと、山桜は割合に長く齢を保つけれども染井吉野はようやく三、四十年くらいである。三十年も経つと上の方が枯れかかってきてその樹の姿も見にくくなり、ちょうど二十年くらいのところが一番見頃であろう。それゆえにこの桜は時々植え替えるというような面倒な手数がある。またこの花を山桜と区別してみると、山桜よりもやや花の色が濃いのである。山桜の花には萼、花梗に毛のないものである。中にはたまに毛のあるものがあるけれども、ふつうは毛がない。ところが染井吉野の花には萼も花梗もみな一面に細き毛がある。

次に八重桜である。この八重桜は種類はたくさんあって、このことを詳しくお話していることはできないが、園芸家などは種類がたくさんあるものであるから種々の名をつけているけれども、ふつうは八重桜と言っておって例の荒川の堤にある桜などは大部分みなこの種類に属するものである。これは桜の一番しんがりをするものであって従来は単に八重桜と言っておったけれども植物学者はこれを里桜と言ってふつうの桜と区別している。この里桜も本はどこから出たかと言うとやはり山桜から変わってきたものらしい。昔だれかこういう変種を作ってだんだんに拡まった。詳しい歴史は分かっておらぬがまずそういったわけ。

まず山桜に属する種類はそんなものであるが、そのほかに彼岸桜というものがある。これはまったく別種で山桜とは違うもので、これを山桜中に数えるということは妥当でない。この彼岸桜には大別二つの種類があって、一つは関東で賞美するものと、一つは関西地方で賞美するものとである。世間では両方を一般に彼岸桜と言うているけれども、吾人は関東地方で賞美するものは東《あずま》彼岸または江戸彼岸と言うている。また関西地方で賞美するものを単に彼岸桜と言っている。関西地方で賞美する彼岸桜は、他の桜に率先して寒桜の次に花が咲くのであって、東京の上野公園中でも比較的小さい樹で一番先に花が咲くのがそうである。あれは前には東京になかったのを近年になって植えたものである。

そこで面白いことには、同じく上野公園にある関東で賞美する東彼岸または江戸彼岸と称するものは、その原産地はかえって関西地方にあるのである。四国の山中、九州の山の中に天然に野生しておる。関東において賞美せらるるものがかえって関西において野生しておって、その地方ではいっこうに賞美せられておらぬのである。

この東彼岸または江戸彼岸はなかなか大木になる。よく諸国で名木として数えられているものにはこの桜が多い。信州の長野から二、三里の在に神代桜と称うるのがある。これがやはり東彼岸である。陸中の盛岡の町の中に石割桜というのがある。絵葉書などにもできていてこれも有名な桜であるが、やはり東彼岸である。

十月桜、これも早く秋に返咲きのように花が咲く。葉もまた花といっしょに出る。これは関西地方にたくさんある彼岸桜の変種である。

寒桜、この種類は一番早く花が咲く。なお寒き時候に他の桜に先んじて花が咲くからこの名があるので、色は薄紅である。嫩葉は赤味を帯びている。荒川堤にもある。上野の博物館の中にも一つある。この桜はいずれに野生しているものかその辺は分からぬ。

寒桜に似て別種類のもので緋かん桜というのがある。これは台湾に野生し琉球に植えられてある。また九州の南の方にも植えられてある。これはなかなか早く花が咲くので二月ごろには既に満開となる。東京には本来この花がなかったのであるが、東京の理科大学の三好教授が先年薩摩の鹿児島から取り寄せられて小石川植物園内に植えられたが、本年からだいぶ花が咲いて今後この花を東京でも見ることができるようになった。この花の特徴は花が正開しない。ぱちんと開かないで半ば開く、半蕾の姿である。これは色がずっと濃くして桃よりも濃い。それゆえ緋かん桜という称があるのである。

それから昔の本草学者は桜のことを桜桃と言っておったこともあれば、またゆすらうめだとも定めておったこともあるが、だんだん研究の結果桜桃は支那にある一種の植物で、桜またはゆすらうめとは全然別物であることが分かった。この桜桃は実を賞するものであってずいぶん日本へも支那から来ている。花は葉より前に出で薄赤くして枝に密生し、日本の彼岸桜よりも早く咲き、樹は灌木だちのものである。この桜桃を世間一般に西洋の実ざくらといっしょに呼んでいっさいを桜桃と呼んでいるけれどもそれは誤りである。桜桃とは支那産のものに限り、西洋種すなわち今市場でその果実を見るいわゆる桜桃は洋種桜桃と呼んで区別せねばならぬ。

西洋のチェリー、これを英和辞書で見ると桜と訳してあるが、日本の桜とはまるで種類が違う。近年山形地方などにたいへんこのチェリーを植え付けたが、これも実を賞美すべきものでチェリーは桜ではない。ジャパニーズ・チェリーとでも言えばあるいは当たるかも知れない。単にチェリーを桜と訳してある辞書はどうか訂正してもらいたいものである。またこのチェリーの果実を桜桃と呼ぶことも誤りであること前に述べたとおりである。園芸家が不用意にその名称を濫用するには閉口する。

## 日本の桜と西洋の桜

英語にチェリーという言葉がありますが、それを日本語では前から「桜」と訳しておって日本の桜もチェリーというものであると普通一般の人がそう思っております。しかしチェリーというのは桜の属ではあるが、日本の桜とは全然別種のものであって、学術上の名称でいえばプルヌス・セラススというのがその本家であります。

そこで普通の人が桜桃といって実を食用にするのがあります――山形・秋田等からたくさん産出し季節になると市場に出ますが――あの実はすなわちプルヌス・セラススからもできますし、またプルヌス・アビュームという種類の桜からもとれます。日本の市場に出ているのは主としてこのプルヌス・アビュームの種類であります。日本では一般の人ばかりでなく園芸界の人々でもあの市場へ出る桜んぼうを桜桃と呼んでおりますがあれは誤りであります。桜桃というのは決して西洋から来たものでなくてこれは支那の植物で支那が原産地なのであります。これは大木にならないで元の方から枝が別れ出て灌木式の木であります。春早く葉の出る前に花が咲きます。花は桜色で見る目にも相当に美しいが日本の桜とは到底比較になりません。花がすむと葉が出て赤い実がなります。その実が西洋のチェリーによく似ています。それで西洋のチェリーと支那の桜桃とが混同されてしまったのであります。もしこれを日本語で区別しようとならば支那のを桜桃または支那実ざくらといい、西洋のを洋種桜桃又は西洋実ざくらとでもいうのが適当でしょう。チェリーとかプルヌス・アビュームなどは西洋では花は賞美しない。白色で見るに足らぬものであります。もっぱら実をとるために培養します。日本の桜は同属ではありますが全然種類が異なっております。日本には至る処にたくさんの桜がありますがいずれも花を賞美するのであって決して実を賞味するのではありません。実は小さく甘苦くて子供等がおもちゃにするくらいのもので果物としての価値はありません。ゆえに日本の桜を単にチェリーと呼ぶのは正しくありません。西洋の園芸家などは日本の桜を Flowering Cherry（花の咲く桜）といって区別しております。日本の桜は日本が本国であって他国にはありません。ある品類のものが多少支那にあることはありますが主として桜は日本のものであります。桜の中でも山桜がその主なるものであって昔から花の中の花といって賞美されぱっと開いてぱっと散る。その華々しさその散り際の潔さを武士の魂に比べられたりするのはこの山桜であります。この山桜をなお綿密に調べて見ると日本の北部にあるのと中部以西にあるのとではまた異なっております。中部以西にあるのが本当の山桜であって、北部すなわち東北から樺太辺までにあるのはやはり山桜ではあるが種類が異なっていて大山桜というのであります。また中国辺にあるのは毛山桜といってこれは朝鮮辺にもあります。花梗に毛があるのでこの名があります。その他彼岸桜・枝垂桜・峯桜深山・桜豆桜・寒桜・緋寒桜・染井吉野など種類はたくさんあります。いずれも同属でありますが種類は別でありますから混同してはなりません。また八重桜などには百品も二百品もありますがこれらは山桜・大山桜・毛山桜などが源になっていて培養の結果いろいろに変わって来たのであって野生のままでこんなに変わっているのではありません。

彼岸桜——世人は彼岸桜といえば皆一つのように思いますが、関東と関西とで異なっております。関東のは東京の上野公園にあるような大木であって早く花が咲くので彼岸桜といっております。信州の神代桜、盛岡の石割桜などは東京の彼岸桜と同じものであります。しかしこれらは本当の彼岸桜ではありません。これらを本当の彼岸桜と区別するために江戸彼岸あるいは東彼岸と呼んでおります。本当の彼岸桜は木が小さくて大木にはなりません。そしてやはり花が早く咲きます。花ははでやかで大変美しい。関西にはたくさんあります。

枝垂桜——これは江戸彼岸の変種であって枝が垂れ下っているのでこの名があるのです。

また一に糸桜といいます。

伊豆の大島には大島桜というのがあります。木が丈夫に育つので、大島では昔から薪にするためにこれを培養しております。大島へ行くと今でも桜株といって一の大木が残っております。それで見ても大昔からこの桜が同島に繁殖していたことがわかります。これはやはり山桜の変種であります。

世間で咳止の薬に「ブロチン」という薬を売っていますが、あれは桜の皮から造ったものであります。桜の皮には咳止めになる成分があるのですから、桜の皮を煎じて飲むと咳止めになるわけであります。

## 富士登山と植物

富士山は有史以前までは永く噴火し、またときどき大爆発したこともあった。この山は気長く噴火を続けてそろそろと動作していたものに違いない。しかして人間の憤怒を発するようにときどきすごい爆発をしたものである。そのときに流れた熔岩が富士のある方面で固まり固まりした跡が今日充分に見られる。このように永い永い間気長くゆるゆる噴火して、噴出物を投げ出し投げ出ししたものであるから、それがだんだん積もり積もりして、ついに今日に見るような八面玲瓏《はちめんれいろう》な高き山となったのである。

日本の歴史ができた時分にはもう噴火が非常に弱っておった。それでも絶対に止まったのではなかったが、その後年を経るに従うてついに終熄してしまった。歴史の説くところによってみると、孝霊天皇の時に富士山が一夜にして湧出したとあるが、そんなことはないと思う。たぶんそのときは非常にすごい噴火でもあって、東海の天が大いに荒れて、富士の旧観を改めたようなことがあったかも知れない。まだ開けぬ時代のことであるから驚愕のあまり、富士が一夜の間に出たと言ったかも知れない。隣の箱根のごときは富士山よりはずっと以前にその噴火が終熄したものであるが、富士山はそれよりずっとおくれて終熄したものである。それゆえ富士山は比較的新しい山であって、新しい山だけに植物の種類も少ないわけである。じつに富士は世界に名高い山である。その形の秀麗なることはまったく三国一ばかりでなく、じつに世界一である。けれども前に言うとおり、続いて永く噴火し、ときどき熔岩を流し、また熱石を噴出してたえず山面を新しくしたものであるから、他の高山に比べて植物の少ない方である。また高山としてなければならぬ植物が、富士に欠けているものがある。はいまつがない。がんこうらんがない。他の諸高山にはかの雷鳥が棲んでいる。はいまつがたくさんある。がんこうらんは灌木性の常緑植物であるが、これが諸所の高山にはよく生じているけれども富士にはない。これらをもってみても、富士の比較的新しい山であるということが分かる。

ところが富士は四面玲瓏八朶芙蓉などと形容するだけあって山型がきわめて単純であるから、植物帯の分布が非常に規則正しくなっている。すなわち植物帯がじつに順序正しく山の周囲を廻って生えている。それゆえ植物帯を見るには富士山が最もよろしい。他の山はこの点においてはとうてい富士山におよばない。今その植物帯のことをちょっと話すと、まずふつう山の麓を山麓帯と称え、そこには主にふつうの草が生えている。少しく登ると森林帯となる。そこには樅《もみ》の類がたいへん繁殖しておって大きな森林を形づくる。その上が灌木帯となる。富士の灌木帯はみやまはんのき、だけかんばなどが生えている。さらに登ると草本帯というのになる。そこには高山植物が繁茂している。さらに登るとふつうの植物はなくなる。ただ地衣・蘚苔の類があるだけである。ふつうの草木は前述の草本帯で尽きているが、地衣・蘚苔類はこのごとく山頂にいたるも生じている。地衣も蘚苔も植物のうちであるから、ふつうの草木は富士の絶頂にないとは言えるがしかし植物が富士の絶頂にないとは決して言えない。富士山はかように植物帯の分布が規則正しいのであるから、そういうことを研究しようという人はまず富士に登るがよいのである。

植物帯の分布のうえからいうと、富士はじつに規則正しいのであるが、植物繁殖のうえからいうと、他の高山と同様南側よりは北側の方が繁殖がよいのである。富士は北側は陰の方に向かっておって南側より植物がわりあいに豊富になっている。これがまず富士の植物の大観である。

それから植物の種類の分布からいうと、富士の植物は他の諸高山に比してさほど特別な種類があるというわけではない。やはり他にある植物は富士にもあり、富士にある植物は他にもあるわけである。しかし九州の端とか北海道の果てとか極端にある諸山に比ぶれば無論異なった種類も少なくないがまず近傍の山、信州の山、野州の山などに比ぶれば、そういちじるしく異なった種類は少ないのである。しかしまた富士に特有のものが絶対にないというわけではない。また中には富士に接近した箱根山と両方に共通にあるが、富士から遠く離れた山にはないものがある。総体富士山は比較的近年まで永く続いて噴火した結果、山が新しくて山の大きくかつ高きわりあいには植物の種類が少ないのであるが、しかし少ないといってもこれは他の諸高山に比して言ったもので、高山としては相応に種々の種類が生じているのである。

今度は富士において注意すべき植物のことも話そう。まず第一に、日本ではどこにもない植物が富士に一つある。それはむらさきもめんづるで、これは黄耆《おうぎ》の種類である。黄耆は支那の薬草であるがその黄耆に似ているので、むらさきもめんづるを一名富士黄耆と称える。これは砂の中に生えて根は往々たいへん大きくなっている。豆の類で葉は羽状をなしている。花が紫色でこれが鮮緑色の葉の間へ咲いているのはたいそう綺麗である。これを園芸植物としたら非常によいと思う。しかしこれは日本特有のものではなく、シベリア地方にはこの植物があるが日本の領地には富士よりほかにはないのである。

次に富士で注意すべき植物は、ふじあざみである。この品は日本にある薊《あざみ》のうちの一番大きいもので、ほとんど世界の中でも大きい種類の一つであろう。花の直径が二寸もある。葉も強大で刺《とげ》があってこれが四方に拡がっている様はすこぶる勇壮に見える。その根は牛蒡と称し、掘り取って食用に供している。このあざみは富士ばかりではなく日光にもあり、信州にもある。とにかくふつうの種類ではなく珍しいもので、またその巨大なる点は富士山とふさわしいのである。

富士はたざおは馬返し辺から六合目の間の砂地に生えている。これははたざお属の一種である。格別綺麗な花が咲くわけではないが、富士山よりほかにはあまり見当たらないものである。盆栽にしたらよいと思う。

おんたでというものがある。たでの一種で上は四、五合目辺まで生じている強き草である。このものは学問上から見るとたいへん面白いことは、この植物は非常に根の長いものである。なぜに根が長いのかというに、山の上には養分が少ないから根を長く引っ張って養分をよけいに取ってこなければならぬ必要がある。また高山は風が強いから根が張っていなければ吹きとばされる憂いがある。それゆえ根が張って深くなっている。また高い山になると冬は雪が降るからずいぶん寒い。生命を保つには養分をよけいに蓄えなければならぬ。そういうわけで長い根になると一丈以上もあるのである。下に向かって深く突込んでいる。こういうことをよくよく注意しつつ山に登り、ただ表面をのみ観察せず植物の根を掘ってまで検査し、細かく観察するとなかなか有益にして面白いものである。

こけももも富士の上でよく見る。これはごく小さい灌木で、冬も葉があってそれに赤い実ができる。それを里人が取って塩漬けにして食し、また「ジャム」や羊羹などに製して売っている。このこけももはまた一つにはまなしとも称するが、海浜でなく山の上であるのにはま（浜）という名を冠するのは変なものだとだんだん考えてみると、富士のごとき高山の上には砂利がたくさんあってあたかも海浜のような観をなしているので、加賀の白山などには頂上に御浜と称する所があるくらいで、やはり富士の砂利のある所へ生えていて実がじくじくして柔らかいからはまなしと言うのであろう。この植物は日本に限ったものではなく、世界中いたる所の高山にある。たいへん広く世界に行きわたっている植物である。

しろばなへびいちご、これは白い花の咲くいちごで、西洋のオランダイチゴの属で日本特有のものである。園芸家などでこれを改良したら甘い果実が得られるので、そのうえこの果実には一種の香気があって形は大きくはないが、色といい味といいはなはだ棄て難く思うのである。また庭などへ植えると最も体裁がよい。また花は梅咲きですこぶる可愛らしい。世の人が山へ登るには、なるべくそういう学術的眼孔をもって観察しなければならぬ。

ふじまつ、これは落葉松《からまつ》でだれでも知っているものであるが、これも学術的眼孔をもって観察すると非常に面白いのである。それは山の水がぬけて崖が崩れて赤裸になった付近へは必ずまずこの松が生える。それゆえ富士などでも下の方でこの松の生えているのを見ると昔この辺が崩れて森林が裸になったということを証拠立てることができる。ゆえにこの松林を見て、単に松林があるなと思うだけでは面白くない。ははあ、ここはもと山崩れのあった所だな、山火事があって山が裸になった所だなと考証するようにしなくてはならぬ。すなわちときに森林の中に落葉松があれば、もと裸であった所だと考えるようにしなければならぬ。

次にたかねばら、これは薔薇の一種でたいへん綺麗な花が咲くので、他にあまりないが富士にはたくさんある。これは園芸植物として非常によいもので、まだ世人はこれを採って園芸植物としていないが、これらを採ってきて園芸植物としたならばすこぶる面白いのである。

次にふじざくら、これは一つにまめざくらと称する。だいぶ東京あたりへも持ってきている。わりあいに綺麗な花が咲く。五月ごろ富士へ登ればこの花の盛りでなかなか立派である。このふじざくらの一変種に萼の色がまったく緑色なものがある。これは御殿場の実業学校長の山出半次郎氏が発見されてまったく珍しいものだから「緑桜《みどりざくら》」一名「緑萼《りょくがく》桜《ざくら》」と私が名づけて世間へ発表しておいた。学名は山出氏の名を取ってプルヌス・インシサ・ヤマディと名づけた（これは私の経営している『植物研究雑誌』で発表した）。

ふじいばら、これも私の名づけたもので白い花が咲く。樹は直径一寸くらいになる。これは箱根にもたくさんあるが、富士には最もたくさんあるのでふじいばらと名づけたのである。

ふじおとぎりは富士に特有な品であって、可憐な黄花が咲く。これはふつうのおとぎり草の一種であって叢生している。ふつうのおとぎり草はどこにもあるが、このおとぎり草という名の出所が振るっている。昔ある鷹匠がこの草が鷹の薬になるというので秘密にしていたところがその弟がこの秘密を他へ洩らしたので、兄が怒って弟を斬った。そこでおとぎり草というのであるとのことだ。

また富士に産するものでおにくというものがある。富士で売っている。薬用になる。これを一つにきむらたけと呼ばるる。この品は富士ばかりでなく野州日光の金精峠にもたくさんあって、そこには男の生殖器を祭った金精大明神という神様がある。それゆえこの峠を金精峠と呼ばるる。このおにくがこの山にも生ずるから、きんまらたけという意味でこれをきむらたけと言ったものだ。この植物はみやまはんのきの林の中にたくさん生えておってその根に寄生している。長さが一尺内外もある。昔の本草家はこれを肉蓯蓉《にくしょうよう》（支那の植物）と同様に思っていたところが、今日ではそれとはまったく違うものであるということが分かった。このおにくはどういうものか猫がたいそう好く。猫はまたたびを好くことはだれも知っているがこのおにくを好くことはあまり人が知らない。人間にも薬用になると称せられているが何かに効くかも知れない。おにくは日本の特産ではなくてまたシベリア方面でも産する。

## 夢のように美しい高山植物

高山植物と言ってもずいぶん種類が多いからそれを全部網羅するということはとうていできないことであり、またその中の数種を挙げたくらいのことでは大きな海の中の島を幾つか示すようなものであるから、今はその中でも最も奇抜なものを幾つか挙げてみよう。

### こまくさ

これは高山のごく頂上の「ざれ」地すなわち砂礫地に生育していて雑草の中などには見られない。こまくさの葉は細かに裂けていて色が奇抜なので、高山の砂礫地に行くとすぐに気が付く。葉は白い粉のついた緑色をしていて、花茎は痩せたの一本、多いのは数本もあって葉より高く伸び、けまんそうのような花が咲く。鯛のようでその先が二つに分れ、それがひっくり返って錨のような格好をしていて、色が非常に美しい。けれどもこれを平地に持って来ると育てることがきわめて困難である。木曽の御嶽山ではこの草がたいそう珍重されていて、御嶽山に参詣すると神官から御賽銭のたかによってこまくさの乾《ほ》したのを一つ二つ宛《ずつ》くれるが、これが尊い神様からお下げになったものとして秘蔵される。そのため今日では御嶽山にはもう種切れとなり、付近の山々から取ってくるのである。これは一名をおこまぐさともいう。

**高嶺すみれ**

高嶺すみれはこまくさと同じように砂礫地に生育している。すみれとは言うけれども種類も異なり、ふつうのすみれは紫であるがこれは色が黄色で、きばなのこまのつめに似てそれよりも葉が厚くできているからすぐ区別することができる。ヨーロッパ諸国にはなく日本特有のものである。最も多く産するのは陸中の岩手山の頂上の砂礫地である。

**長之助草の由来**

長之助草というのは八ヶ岳に多く立山（越中）にも産する。これは地平に拡がり葉の裏が白く鋸歯があり楢の木の葉を少し小さくしたようなもので葉の表面には皺があり、七月頃になると拡がり、中から茎が出て花弁が八つ中から咲く。それが満開の時にはたいへん綺麗である。この草はヨーロッパに多い。日本では陸中の須川長之助という人が明治の初年にマキシモウィッチというロシア人に雇われて採集した時立山で取ったのであるが、それを私どもが研究して長之助草と付けてやった。これらも高山植物として珍しいものである。

**うるっぷ草**

これは千島のうるっぷ島に多く産するところからこの名がある。内地でも諸処の高山にある。葉はおおばこに似ていて茎が数本出て、色は紫で見たところ特異であるからすぐ分かる。内地では八ヶ岳にたくさんあり、登山した人々の見逃してはならぬものである。

**虫取すみれ**

すみれという名が付いているけれども種類はすみれとは全然別である。ただ花がすみれと似ているのでこの名があり、葉は地平に這って何枚もできている。中央から茎が伸びて花が咲く。葉の表面には細かな毛が生えていて先に玉が付いて腺毛から汁を分泌するのであるから、葉の上にとまった小さな虫（蠅のような大きな虫は駄目である）が粘液のために動けなくなってついに死に、それが消化して植物の栄養になるのである。ではこの種のものには根がないかというに、根も立派にあって根から養分を吸収することは彼のもうせんごけと同様である。この種のものにはこうしんそうというのがある。これは庚申山、および日光等に産し、先年帝大の三好学博士が庚申山で発見したので庚申草というのであるが、これらも小さな虫を取る。

**羽衣草**

これは信州の白馬山に産する。羽衣草といっても名ほど美しくはないが小さな花が咲き、葉は葵に似て七、八寸の高さになり、白馬山が唯一の産地で今日ではその数が乏しくなっている。初めて白馬山に発見された時羽衣草という名を付けた。

**深山おだまき**

深山《みやま》おだまきは誰もが知っているおだまきの種類で、おだまきと同じような紫色の花が咲き非常に美しい。日本にはおだまきの種類が三つある。山おだまき、深山おだまき、おだまきで、深山おだまきは八ヶ岳に行くとたくさんある。

今の人々が高山植物と言っているのは厳格な意味の高山植物でなく、すこしでも高い山に生えているものをばすぐ高山植物と言う。しかしほんとうの高山植物というのはそういうものではない。

たとえばここに高山があるとする。そうするとその一番下を山麓帯といい、その上の部分を雑木帯といい、それを上って行くと森林帯、それを上ると灌木帯に出る。その次の場所を草本帯というのである。

高山植物というのはその草本地域に生育しているものをいうので、いわゆるお花畑というのはそれを指すのである。もし許せば灌木帯のものをも高山植物と称してさしつかえないが、森林帯のものは高山植物とはいえない。

灌木帯は同じ日本でも北の方に行くにしたがって漸次山の下の方に下がりついには平地に下がってしまうものである。がんこうらんという高山植物は北海道の根室とか千島方面に行くと海岸に生えている。それは北に行くと漸次下に下がってくる。

高山植物は英語で「アルパイン・プランツ」という。これはアルプス山が高いからこの名が生まれたのだ。しかし日本などのものもやはり、「亜アルパイン・プランツ」というべきである。

高山植物はすべて長い根を持っているのがふつうである。また茎は低く高山は風が強いから根を深く張っておく必要があり、砂礫地では短い根で充分な養分が取れないから、自然長い根をもって深い底の養分を取らねばならない結果である。また冬の間はさらに養分が取れないので根の中にそれを貯蔵しておかねばならない。そのためにも根は長くなければならぬ。

また高山は陽の当たるときには非常に暑く、夜間はいちじるしく温度が下がる。そこで葉や茎は平地の植物といちじるしく異なっている。葉は厚くて硬い。それは旱天続きの場合、葉の中に貯えた水分のかれぬ工夫、また水分の蒸発しないようにそうなったので、石南科の植物やがんこう蘭の葉を見るとすぐわかる。また禾本科類は水を貯える装置ができていて陽が上ると葉面の水分の蒸発を防ぐために葉を巻き込む。高山に上る人たちは単に植物の種類を集めるのみならず、このような自然の巧みな装置を研究したならたいへん面白いと思う。

# 夏の植物

夏草の時節となった。野も山も見渡す限り緑の被布に覆われた。植物に趣味を持つ人々にとってはじつに無上の楽園が眼の前に開展されたのである。わが国は植物の種類に富んだ国である。英国でも仏国でもドイツでもこの点はとてもわが国にはおよばぬ。たとえばすげの一属でも、わが国のものはじつに三百種以上を算える。またすみれの種類でもわが国には六、七十種くらいもある。そんな国はほかにはどこにもない。すげでもすみれでもわが国はじつに世界の一等国である。その他世界にない珍しき草木がわが国に産する。すなわちわが日本の特産として他国に誇るに足る品種は、決して少なくないのである。なぜに世人は、いま少しく深く植物に趣味を持たないのであろうか。このように豊富なる草木の間に住んでいる人間が、その周辺を取り巻く植物に趣味を持つならば、その一生を通じてどのくらい幸福であるかじつにはかり知られぬほどである。植物に趣味を持つようになるのはその植物を知らねばならぬ。多少にても草木について知識ができれば、したがって趣味は生ずるものである。世人はわが本業のかたわら、娯楽として草木に趣味を持つようにしたらどんなものだろう。もし世人がしかせんものと思わばこの趣味深き草も木もいたる処に吾人を待っている。植物に趣味を持つようになれば植物を愛するようになる。植物は意味の深き天然物である。この微塵の罪悪も含まぬ天然物を楽しむことから、どれほど吾人の心情を清くかつ貴くするかほとんど量られぬ。醜悪なる娯楽よりこの清浄なる娯楽に転ずることは、人間として最もたいせつなることである。我輩はこのごとく天然物を娯楽の目的物として大いに高潔なる心情を養われんことを世人に勧めたいのである。草木を愛するようになればこれにより確かに人間の慈愛心を養うことができると信ずる。植物は生物である。生長するものである。これを好くようになればそれが可愛くなる、可愛く思うのはすなわち慈愛心の発動である。一たび発動すればこれを助長することができる。すなわちついには大慈悲の心を養うことができると思う。人間同士に慈悲慈愛の心ができれば世の中は無事太平である。国平らかに天下治まるのである。大にしては戦争小にしては喧嘩、それは人間同士に慈愛心すなわち、思いやりがないから起こる。思いやりの心を養うに、植物をその道具の一つに使うは最も当を得たものであると信ずる。今日のように人心の危険におもむきつつある時世に、この人間同士の思いやりの心が欲しい。それは確かに危険におもむく人心を繋ぎとめるに助けの一つになると思う。草木に趣味を持つと持たぬという問題は、ただちょっとした問題ではない。されば世をなげき国を憂うる為政者も考えてよい問題の一つである。また教育者は学校で博物の教授を今日のようになおざりに付してはならぬ。教育者はもっと徹底して考えを博物の学科について持っていなければならぬと思う。やりようによっては、博物の科は倫理の科に次ぐたいせつなものとすることができる。植物を楽しむほど他の娯楽にくらべて金の要らぬものはない。ゆえにはなはだ入りやすい。植物に趣味を感ずるようになれば、路傍の雑草でも庭先の雑草でも楽しくなる。それゆえどんな人でも無代でこの楽しみはできる。また植物に趣味があればしたがって山にも行き野にも行くようになる。したがって運動が足り心が楽しみつつ知らずしらず運動する。新鮮な空気を吸う。心は高尚になり、邪念はもださぬようになる。いわゆる無邪の極致を得ることになる。心に邪念なくば身体は健康となる。これほど結構なことはない。東京に東京植物同好会という会があって、毎月一回日曜日に東京付近の野外に出て実地に植物を教うることになっている。この会へ来れば植物の名が覚えられ、また植物についての種々の話が聴ける。植物に趣味を持たんとする方はこの会へお出でになればよいと思う。東京市外駒沢村上馬引沢四十六伊吹高峻氏がその会の幹事である。次に吾人の手近にある草木についていささか話してみよう。

### へびいちご

よく人の知っている草である。ちょうど今頃その蔓から出た梗《えだ》の上に実がなって赤く熟している。世人はこの実が毒だと思っているが決して毒ではない。それはこの草の名が蛇いちごであるからなおそう思っているらしい。この実は甘みがなく、食っても味がないからだれも食わないばかりである。あの赤き円き部は本当の実ではない。あれは学問上花托と称える花梗の絶頂である。本当の実はその表面に付いている小さき粒がそれである。だれでもおらんだいちごを知っているだろうが、その食うべき部分はやはりへびいちごと同じく花托であって、本当の実ではない。本当の実はこれも同じくその表面に散らばっている小さな粒である。いったい果実の食える部分は種々であって、蜜柑は果実の中の毛を食っており、バナナは果実の中の内皮を食っており、栗などは種子を食っているが、桃などは果皮を食い、梨、りんごなどは花托を食っている。このようにその食う部分が何であるかということを研究してみるのもすこぶる興あるもので、蜜柑の毛を食うなどは中でも奇抜なものである。もし蜜柑の実の中にこの毛がなかったならば、密柑は食えぬ。つまらぬものである。

### かたばみ

どこでも生えている草でその味がすっぱい。それゆえ小児がよく知っている。その葉は三枚ずつ葉柄の頂に付いている。これがかたばみの紋になっている。この葉は昼は開いているが夜は閉じている。草木の葉には夜は閉じているものが多い。その中でも豆の類は著しい例である。かのねむのきの葉の閉ずることはだれでも知っている。ねむのきとは眠りの木の意である。このかたばみは黄色の花を開き、角のような実ができる。だれもこんなものには気付かぬが、この実から種子の飛び出ることはすこぶる面白き現象である。この実の中にはたくさんの小さき種子が入っているが、実が熟するとこの種子がばらばらと四方へ飛んで出る。どうして種子が飛び出るか、それが面白いぐあいになっている。この種子が実の中にある時、それに皮がかぶっている。実が熟するとその皮の一方が裂け、急に裏返しに反転するから、その勢いで中の種子を外へはね出すのである。なぜ種子をはね出す必要があるかというと、その種子を遠くへ散らばして、広い地面に新しき苗を生えさせんがためである。このかたばみで赤紫の色をしたものはあかかたばみという一つの変種である。

**やえむぐら**

ちょうど今頃小さき実がなっている。その実は鈎のように曲がった毛が生えているから人の衣物などに付着する。さればその種子を処々方々に送りてそこに苗を生ぜしめ、子孫の繁殖をはかったものである。このように実が他物に付いて遠きに運ばるる植物ははなはだ多い。ぬすびとはぎ、いのこずち、きんみずひき、おなもみなどその他たくさんある。このやえむぐらは、かの「やへむぐら茂れる宿の」云々の歌によってこの植物の名とするは悪いと言う人もある。すなわち本当のやえむぐらは、今いうかなむぐらという草であらねばならぬというのである。このかなむぐらはかの「ビール」へ苦味を付けるホップと同属の一種であって、どこでも見られる蔓草である。西洋では園芸植物としてこれを賞観したことがあるが、わが日本では一つのつまらぬ雑草である。やえむぐらの葉は一つの節に六枚も車のように出ているが、しかしその中で真正の葉はただ一対ずつしかない。あとのものは葉の形をした托葉というもので、本当の葉ではなく、葉の付属物である。つまり家来が旦那様と同じ形貌を装うているのである。そういう場合に、どれが旦那様でどれが家来であるという見分け方はすぐできる。すなわちその葉の本から枝の出ているものが旦那様である。こんな雑草でもこのように気を付けて見ると、すこぶる興味のあるものである。牡丹の花を見、花菖蒲の花を眺め、あー綺麗などというくらいではまだ素人の楽しみで、ちょうど女の子が赤い衣物を着て喜ぶと撰《えら》ばない。その楽しみすなわち趣味が、だんだん深くなるにつれていわゆる「きもの」を賞観するようになり、ついにぱっとした派手やかなものはあまり興を惹かなくなる。そこになると、一雑草の一見つまらなきようなものの奥底に潜める趣味を味わうようになり、いわゆる玄人筋の人となるのである。このやえむぐらは秋から生え、冬を越して春になりて、だんだん生長したものである。このように秋に生える草はその他決して少なくない。ふつうは春生えるものであるが、それが必ず秋生えるということはすこぶる面白い。こんな草は冬の寒気にもおじけずに雪の下や霜に置かれてもいっこう平気である。春になりて一たび暖気を得ればたちまち生長繁茂する。かの春の七草のせり、なずな、おぎょう、はこべら、ほとけのざ、すずな、すずしろのごとき、みな秋生えたものである。すなわち秋生える先天的の性質を持ったものである。

## どくだみ

一名じゅうやくと称する臭気ある草がある。民間で往々これを薬用にする。また女子の頭髪が油で蒸され臭くなったとき、この草の煎汁で洗うことがある。この草は非常によく繁殖し、庭などに生えると、容易に取り尽せぬ難渋なものである。それはその地中の茎（地下茎という竹の鞭根と同じ性質のもの）が縦横無尽にはびこるからである。ちょうど今時分花が咲いている。葉は葵の葉のようで、質は柔らかい。花は細かくそれが短き穂をなし、その本に四枚の白き花弁ようのものがある。世人はこれを花弁と思うだろうが、これはじつは苞と称して葉の変形物である。それが花弁の代用をしている。このように苞が花弁の代用をしている植物はそう珍しいものではない。アメリカから来て日比谷公園に植えてある花みずきの花弁状のものも苞である。日本の同属の山ぼうしの花も同様である。

温室内にあるブーゲンビリアの花もそうである。真正な花がありながら、ずいぶんおせっかいをしたものである。これはみな昆虫との関係で、つまり、この虫を呼び寄せる招牌《かんばん》となっている。全体、花に種々の色のあるのはみな昆虫誘引のためで、昆虫を誘引するのは自分の生殖を遂げんがためである。花が香りを発し花内に甘き蜜汁を出すも、みな昆虫を誘惑しようというのである。このどくだみの花もやはり同じく白色四片の苞を花弁と見せ、これで昆虫を釣り寄せるもくろみでできたには相違ないが、しかし今日ではこの招牌はあまり意味がなくなっている。というのはどういうわけかと尋ねてみると、じつはその苞の上の穂をなせる真正の花の雄蕊の花粉（男）が「インポテンス」（陰萎）にかかって、お役目が務まらぬため、結婚媒介者なる昆虫が来る必要がなくなっている。それゆえ今日ではただお飾りに残っているにすぎぬ。したがって雌蕊（女）の方もいっこうに孕まず、サンガー女史の主張を聴く必要もなくなっている。このようにいっこうに子が生まれぬゆえ、その代りやたらに地下茎で繁殖し人間様を困らせているほど勢いづいている。しかし困った草だが学問上ではまことに興味がある植物である。またこのどくだみは日本と支那とよりほかの国にはなく、かつ特別の種類なので、西洋では大いに珍重がって、これを栽培している。すなわち世界的に名高い草となっている。

## なすび

なすびにはむだ花がないと世人は言っている。教育者もそう言ったことがあった。こんな教育者は生徒にもそう教えているだろう。「親の意見となすびの花は千に一つの無駄がない」と言う俚歌を引用して訓をその間に加えるであろうが、しかし実際なすびに注意を払えばこれを裏切る事実を直に見出し、むだ花がなすびにあることがすぐわかるのであろう。どれがなすびのむだ花？　なすび畑に臨んで見ればその花が茎の一所から二つ三つ一緒に出た場合が見つかるであろう。この場合その本の一花は実の生る花だがその他の花はむだ花で落ちてしまう。千に一つの無駄がないどころではない。三つ四つの中でも一つのむだ花がある場合がある。畢竟なすびにむだ花がないなど言う人は徹底的になすび畑を知らぬ人々である。

恁麼《いんも》はなしはいくらしてもなかなか尽きぬ。あまり長くなるからここでひとまず頓首する。

## あじさいは日本出の花

あじさい（昔はあづさいともいった）は、けだしもとわが日本でできた花のようである。ふつうの人はこれは支那から来たもののように思っており、特にこれに紫陽花の漢名が当ててあるからなおさらそう考えているようである。しかし紫陽花をあじさいとするのは非で、これはじつによい加減の当て方で正鵠は得ていない。それはちょうど燕子花をかきつばた、馬鈴薯をじゃがたらいも、杜若をやぶみょうが、欅をけやき、梓をあずさとするの類で、その妄断まことに笑うべきものである。あじさいはもと支那になく日本から入った花であるから、同国では天麻裏掛あるいは瑪哩花といっている。『漳州府志』に

瑪哩花は日本に出ず、花は繍毬の如く大きさ七八寸ばかり、初め開けば色青く数日にして淡紅又数日にして転じて藍、又雨後の青天色の如き者あり、一朶開きて月余ばかり或いは数月を経て謝せざる者あるが但顔色減ずるのみ、卉本と為す

とあり、また『花暦百詠』に天麻理掛の下に

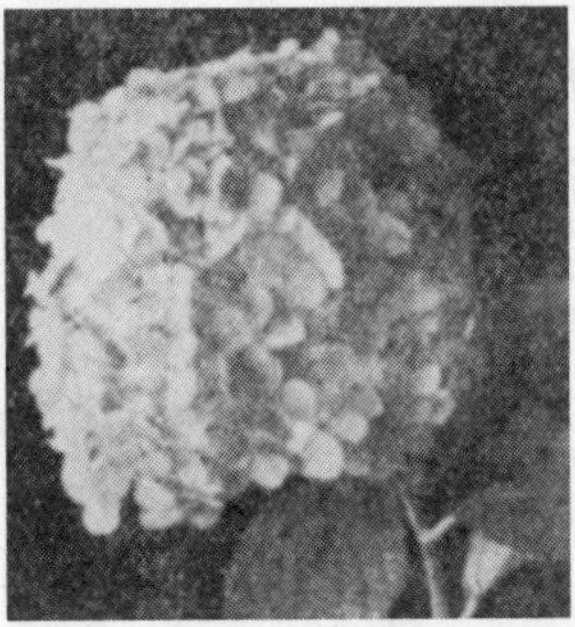

あじさい（Hydrangea macrophylla DC. subsp. typica *Makino* var. Otaksa *Makino*.）

花は粉団と異なる無し、初め開くや緑色既にして大いに放らけば白くして脂の如く碧くして黛の如く艶なること黄華の如き者あり、濃なること燕頷《えんがん》の如く淡なること青蓮の如き者あり、両色平分して合璧の如く五色相間わって繡毬の如き者あり、一樹の中光恠陸離迥《はる》かに羣芳《ぐんぽう》に異なり洵《まこと》に閩南《びんなん》の琪樹《きじゅ》海外の瑶葩《ようは》なり、近ごろ武彝《ぶい》諸名峰亦常に之を見る

と註してある。また一八六六年に支那で出版になった *W. Lobscheid* 氏の『英華字典』には、あじさいの Hydrangea hortensis を洋綉球とし、一八七二年に同国で出版になった *J. Doolittle* 氏の『英華萃林韻府』にも同じく Hydrangea hortensis を洋繡球としてあり、この洋は他邦を意味したもので、これで見てもあじさいが支那のものでないことが分かる。そして上の『漳州府志』、『花暦百詠』両書の文中に見ゆる支那の粉団、繡毬もまたあじさい同族の酷似品であり、姉妹品の八仙花はわががくあじさいの一類であるが、わがあじさいとは別のものである。私の考えでは、わがあじさいはその樹状葉状から推想して、けだしがくあじさいを親として生まれた

ものではないかと想像するが、おそらくなおだれでもその生まれ出た径路について研究した人はおそらくないであろう。そしていずれの書物にもいっこうそれに触れた記事がないようである。なおわが邦に一種のあじさいがあって人家に栽植せられており、私はこれをひめあじさいと呼んでいるが、それは多少小柄でなんとなく優美な一品で、ふつうのあじさいと外観はすこぶるよく類似し一見ほとんど見分け難い姿を呈しているが、この品はその系統まったくあじさいと違って、野生のある品から生まれ出たものであると信ずべき理由をもっている。

がくあじさいもまた日本出の一種で、ふつうには人家に栽植してあれどもまた房州辺には海に近き地に野生している。一にがくそうとも称えられ、またがくばなともいわれている。また略されて単にがくとも呼ばるることがある。このがくは額すなわち扁額のことで、それはその繖房状をなせる花穂面を額にたとえ、その周辺の蝶形花を額縁と見なし、中心花を額面になぞらえたものである。前田曙山君の著『園芸文庫』にこれを蕚としてあったがそれは額であらねばならぬ。

# 花壇の花

## コスモス

今はわが邦に広く行き渡っている一年生の草花であるが、原《みなもと》はメキシコの産である。その栽培がいたって容易なのと、かつ丈高く勢いよく生長し数多くの美麗な花を着けるので、だれもがよく庭さきに栽えている。秋になってたくさんな花が散開するので秋ざくらの名がある。植物学の方面では始めて聞けばなんのことやら分からぬようなおおはるしゃという無意気な名で呼んでいるが、コスモスというと強く響き、かつ言いやすくはっきりしているので、その名でも通じているが、しかしこのコスモスはこの草ばかりの特名でなく、これらの属する属名であることを忘れてはならない。コスモスはギリシァ語で美麗とか完全とかいう意味を持った字でこれらの草の花がいかにも満天のように輝いて綺麗に咲くのでそう褒めた属名を付けたものであろう。この草は春に種子を蒔けば容易に生え、ついには高さ五、六尺にも成長し、枝を分かちて秋遅くまで花を咲き続ける。葉は糸のように細かく裂けてそれが茎に対生している。

## きく

きくは菊の字の音から来たものである。これは支那と日本との原産であるがしかし今日大菊、中菊、小菊となって普通人家に培養し観賞せらるるものは昔朝鮮を経てわが邦に入り来り、それから久しい間手しおにかけて育てられてひいて今日に至ったものである。その原《もと》は支那で無論野生の品を採って栽培し始め、始めはお薬にするのが主であったが、このように作り始めて、そこで美麗な花の咲く園芸品に仕立ててしまったのである。それが今からおよそ二千年も前の事ではなかったかと想像される。その園芸品が支那から朝鮮に入り前に記したように朝鮮からわが日本へ来た時がちょうど仁徳帝の御代で今から千五百四十年も昔の事である。わが日本にもその野生種すなわち母種があって今から三十八年前すなわち明治二十年に私が始めてこれを土佐で見付かって野路ぎくと名づけたがこのわが邦のものは太古以来人間に知られずに野生のままに今日まで残り、ただ支那のものが培養品に作られたのである。そしてその作られたのがついにわが日本に来てそれが今日の家植の菊となっている次第である。しかしその中の小菊は同属中のしまかんきくから来たものもある。このしまかんきくもわが邦と支那とに産する一種の菊である。大菊や中菊を見るといずれも茎の頂に花が一つずつ咲いているが、あれは天然の姿ではない。それは人がその側芽を摘み去り、ただ末の一花のみを咲かせた結果である。これを自然のままに任せておくといくつかの枝を分かってたくさんの花を着くることになる。菊はわが帝室の御紋章にも用いられて、貴い花となっている。百花凋落の時分秋深けて独り盛んに美花を開き、その花の姿も花の色も一様でなく、かつ佳き香があるのでじつに高尚なめでたき花と認められ、これを国花のように見られても決して恥かしからぬ姿質を備えている。春は桜、秋は菊、それはわが日本帝国の双美である。

## ダーリア

ダーリアはDahliaと書く。かの有名なリンネ氏の弟子で、西暦千七百八十九年に死んだスエーデンの植物学者アンドレアス・ダールの姓を取って属名としたものである。それゆえダーリアはじつは一種の植物の名でなく、その仲間の総称である。第一にわが邦に来たものはダーリアピンナタである。通常これをダーリア・ヴハリアビイリスと称する。徳川時代の末に長崎に渡り、纏枝《てんし》牡丹とも天竺牡丹とも呼んだ。纏枝牡丹は、元来支那に産するひるがお属の一種八重咲の蔓草の名であるから、これをこの品に当て用いるのはもとより誤りであった。天竺牡丹の名はあってもそれは天竺すなわちインドのものでなく、じつはメキシコの原産である。まもなくいま一つ同属の別のものが来た。これはダーリア・コクシネアと称する。ふつうにはこれをも天竺牡丹と同視しているが、これは葉に鋭鋸歯があって、花は一重咲、その舌状弁は八枚ほどあって幅が広く色は緋である。私はこれにひとえぐるまの名称を与えた。しかし培養品中には種々の変り品ができて、これと天竺牡丹との見分けが付かぬものが少なくない。いずれも葉は羽状あるいは再羽状に分裂して茎に対生し、根は紡錘状の塊をなして集まっている。多肉なものではあれど食用にするには適しない。

## ひゃくにちそう

徳川末葉時代にわが邦へ来たものでメキシコの原産である。夏から秋にかけて花が永く咲き続くので、かの竜宮へ行った長命の浦島太郎に見立てて浦島草の名がとく付けられた。百日草も永く咲くからである。西洋の俗名をYoung-and-Old-Ageというが、この花は老いても花弁が依然として色を保ち永く若々しい色をもっているから、それでこんな名があるであろうと思う。一年生の草で春種子から生え、高さは三、四尺に成長し、葉は対生して茎を擁し枝を分かって枝頭に美花を開くのである。一重咲のものもあれば八重咲のものもある。紅紫色、淡紅色、赤色、黄色等種々な色があってそれらが相まじわって競うて咲いている様はなかなかに美しい。花弁が硬いので花が端然としており、観てなんとなく気持がよい。この草の属名をジニアというがこれはヨハン・ゴットフリード・ジンというドイツの医者の姓を取って名づけたものである。

## とろろあおい

ふるくから作っているが、これはお隣の支那から来たものである。たぶんその支那がこの草の原産地ではないかと考えられる。これはむくげ、ふようなどと同属で、学名をヒビスクス・マニホットというが、それはその葉がかの澱粉を食用に供する有名なマニホットすなわちタピオカに似ているからそう名づけたものであろう。大きな一年草で葉は掌状を呈し大きな花がまっすぐに立った茎の梢に穂のように付き、下から順々に横向きに咲き上るのである。朝開いて夕方に凋《しぼ》まる。花冠は黄色で花の底は暗紫色である。花の中央に雄蕊の柱があって、それにたくさんな葯が付き、その柱の中心を通して一つの花柱が上に出で、その末が五つに分れその端が柱頭になっている。花がすむと角のような五稜の実を結び熟すると黒くなり中にたくさんな種子があって、それが猿の頭に似ているからさるごまの名がある。この草の支那の名は黄蜀葵でその花はよく絵画の中に出ている。秋の気分をみなぎらす草花の絵にはなくてはならぬような気がする。根の皮は製紙用の糊料に使用せらるる。それゆえ畑に作られる。これは花を賞するのではなく根を採るためである。ところにより、ねりともふのりとも京ぶのりとも唱える。このとろろあおいの名のとろろは、その根の皮のべとべとした粘汁がとろとろしているからそういったものである。西洋でオクラと称しその嫩き実を食用にするものがあるが、それはこのとろろあおいと兄弟同士の一種である。

## せんにちそう

せんにちそうは千日紅である。それゆえせんにちこうとそのまま言っているところもある。その花が永く咲き続くばかりでなく、なおそのうえに花を採って乾かしてもちゃんと生の時の色を保って生きているように見えるから、千日紅と支那人が名づけたのは、まことにそのところを得たよい名である。ふるくからわが邦へ渡り来たって、今日では全国いたるところで栽培せられ、ごくふつうの草花となっている。秋郊外を逍遥するとそここの農家の庭先などで見ることが多い。春種子を蒔いて生える一年生の草で、高さは一尺から一尺五寸ばかりに成長し、茎の節は高く葉は対生している。枝を分かってたくさんな花が続々と咲く、花は円き球のように相集まり、その下に二枚の緑苞がある。この花球を検してみると、花は五片の萼と一つの筒となった五雄蕊と一雌蕊とからなっており、その外にこの花を擁して大きな平たき苞が二つある。この苞が紅紫色なもんだから、それで花球が一体に紅紫色に見ゆるのである。この草花は旧世界すなわち東半球の熱帯地の原産で、ひゆ、けいとう、はげいとうなどと同科に属する。

## はげいとう

はげいとうはけいとうすなわち鶏冠花に似て、葉が特に美麗だからこのように葉げいとうの名がある。たぶんインド辺の原産であろうと思う。秋の庭を飾るに無類な草であるばかりでなく、またときどき絵画の中に見られる。花は屑みたいなすこぶるつまらない見すぼらしいものではあるが、その葉が秋になると輝きわたる美観を呈して四隣を照耀している。始めはただ緑色か、ときとすると暗紫色のみの葉であるが、後には赤色黄色などに変じ、緑葉と相まってははなはだはでやかである。支那ではその中のある品を雁来紅と称する。雁の来る時分に色づくからこの名がある。また老少年の名もある。つまり若返りだね、充分成長して老いたと思ったらにわかに色艶が出てきて、老いて後また少年の姿があるというのである。老人達はうんと庭に栽えてこれにあやかるべしだ。僕などはそれでこの草が大好きさ。僕は今六十四だけれど諸君のような少年が大好きで、おばあさん、おじいさんには敬意は表するけれど歓迎はせんね。

## てんじくあおい

天竺の名を冠すれどもそこの品ではなく、これは南アフリカの原産である。園芸家はこれらの属をゼラニュームと呼んで通しているが植物学上の属名はペラルゴニュームである。てんじくあおいはこのペラルゴニューム属の一種で、この類中最も早くわが邦に来たものである。暖地では冬も平気で生育するが、寒き地では冬は温室で養わねばならぬ。多年生の草本で多少灌木状の姿がある。葉には長き葉柄があって互生し、円形あるいは腎臓状円形で掌状脈を有し、葉縁に鈍鋸歯がある。葉質が軟らかで葵の葉のようである。葉と対生して出でたる花茎の頂に、小梗ある多数の花を集めて着け、上部に位する萼片から出た距は、特別に小梗に沿着している畸態がある。花弁は五枚でその上方に位する。二枚が少しく大きくかつ色が濃い傾きがある。花中に十雄蕊が一花柱を取り巻いており、その花柱の末は五つに分れ、果実のときは嘴《くちばし》のようになっている。実がはじけると、中軸を残してそれが五つに反りかえり、その端にある一種子をそのはねる力で遠くへ飛ばすことが彼のげんのしょうこのそれと同様である。他の一種、その葉に円い黒い帯の模様のあるものを紋天竺あおいと称する。

## ふよう

ふようは木芙蓉《もくふよう》である。それは木であるからかく木芙蓉と支那人が名づけたのである。支那と日本との原産でふつうに人家に栽植せられておれども四国、九州方面ではかなり大きな樹木となって山間に野生している。葉は互生で長き葉柄を有し、葉面は大きく広くて浅く分裂し、五～七尖をなしている。花は枝の末に幾つも付いて下から順々に咲き、朝に開いて夕べに凋まる。花弁は五枚で花中に雄蕊の柱がある。花後に円き実を結び、熟すれば五つに裂けて種子が出る。この植物はむくげ、ぶっそうげ（扶桑）などと同属である。花が美麗で花色が淡雅だからだれにも好かれ、詩にも作られまた絵画にも入っている。花に白いのもあれば、また八重咲ではじめ白く後淡紅に変ずる酔芙蓉と称するものもある。

## ひまわり日に廻らず

ひまわりは一にひぐるまと呼び、きく科の Helianthus annuus *L.* で北米合衆国原産の大形な一年草である。とっくに世界へ拡まり、昔支那へも渡りて同国ではこれを向日葵と称えまた西番葵ともいった。

陳扶揺の著『秘伝花鏡』巻の五、向日葵の条に

> 高さ一二丈、葉は蜀葵より大に、尖狭にして刻欠多し。六月に花を開く、毎幹の頂上只一花、黄弁大心其形盤の如し。太陽に随いて回転す。如し日東に昇れば、則ち花東に朝《むか》う。日天に中すれば、即ち花直に上に朝う。日西に沈めば、則ち花西に朝う。子を結ぶこと最も繁し。状草蓏子の如くにして扁たし、只員に備うるに堪えて、はなはだ意味なし。但其日に随うの異を取るのみ

とあって、その花が日に従うて廻るのだと真実らしく書いてある。わが邦の学者輩この記事をうのみにしてまたそのとおりに信じ、だれひとり疑う者なく、そこでひまわり、また

はひぐるまの和名も生じて今日におよんでいるが、じつはこの日に向こうてその花が廻るということはまったくよい加減な想像で、そんな事実は決してない。あの首をかしげて側向せる盤状の巨大な頭花を望めばいかにも日をおうて回転するかのように感ぜらるるので、たぶんそうだろう、が、そうだ、となったものであろう。嘘と思わば、天気の好い日に花の傍で一日立ちつくしてその花を見つめていればすぐ分かる。まだ花を開かずごく嫩い蕾のときはその質が軟らかいので、少しは日に向こうて傾くようであると兵庫県西宮市立高等女学校の山鳥吉五郎君が話しておられたが、そういう性質は他の植物と同じように多少は必ずあると思うが、それはすこぶる軽微な現象であろう。

張路玉の著『本経逢原』という書の巻の二に出ている向日葵は、あおい科の葵すなわちふゆあおい（*Malva verticillata L.*）のことで、きく科のひまわりの向日葵と名を同じうしてじつはその物を異にしている。このふゆあおいの葉が日に傾き向こうて日光をさえぎりその根元を照らさしめぬので、あたかもそれに思慮があるように見えるから、それでその植物を葵というのだそうだ。すなわち葵は揆であって、智もってこれで揆《はか》るなりといわれている。すなわち誠があってわが株の根を日に照らさしめずこれを保護しているという意である。これを向日葵というのはこの意味から来た名であって、これは花が日に向かうのでなく葉が日に向かうのを意味したものである。支那には「葵は猶能く其の足を衛る」、

「葵は葉を傾けて日に向かい以て其の根を蔽う」、「葵葉日に向かい其の根を照らさしめず」また「葵葉日に傾き其の足を照らさしめず」の語が書物に出ている。つまりひまわりの向日葵はその花が日に向かうけれども、葵の向日葵はその葉が日に向かうのだというのである。日に向かうということは同じでも、葉と花との相違がある。西洋ではこのひまわりを俗にSunflower（太陽花の意）と呼んでいるが、これまたその花が日に従うて廻り、朝は花が東旭日に向かい、夕は西落暉に対するのだと思い込んでそう名づけたものだという人がある。そう想像せられた思想がこの草とともに支那に入って、そこで向日葵の名が生じ、かつ支那でもこの花が日に向かって廻るのだとのことを信ずるにいたったものではなかろうかと思う。こんな所信の人から見れば、属名のHelianthusもまたこの随日の意味をもった太陽花であるわけとなるが、西洋でも右のような考えのみにとらわれていない者もあって、それは巨大な頭花の姿をわれわれの仰ぐ偉大な太陽にくらべている。

　こちらの説だと、その花が日に向かうとか向かわぬとかいうのは問題ではなく、その円盤状を呈せる巨大な黄金色の頭花を太陽すなわち日輪に擬し、その頭花の周縁に射出して並んでいる舌状花をその光線をなぞらえたものである。こうなるとその属名なるHelianthusはその花形が、単に太陽に似ているという意味のみで名づけたものと解しても別に不都合はないことになる。とにかくひまわりの一群は、そのきわめて巨大な頭花を有するひまわりを主とし、主品として、その他大小こそあれ、いずれもがその花を正面から見れば、その姿があたかも日輪に見立て得べきがゆえに、この属名はこれらの草の一群に対してまことにふさわしいものであるともいえる。

## 実物上から観た潮来出島の俚謡

あまねく人口に膾炙《かいしゃ》している潮来節の俚謡に

潮来出島のまこもの中に
あやめ咲くとはしをらしい

というのがある。この元謡《もとうた》を『潮来図誌』で見ると、その語尾の方が少々違っていて「あやめ咲くとはつゆしらず」となっている。これをその後だれかがこの「つゆしらず」を「しをらしい」と変えたのであろう。

この謡はまことによい口調でもあり、よい文辞でもあり、またよくその情調が浮かんでいるので、他の

きみは三夜の三日月さまよ
宵にちらりと見たばかり
恋にこがれてなくせみよりも

啼かぬ蛍が身を焦がす

あるいは

恋のちわぶみ鼠にひかれ

ねずみとるよな猫ほしや

第一図　昔のあやめ　今日のしょうぶ
水に生えていて陸にはない
「ほととぎすいとふ時なしあやめぐさかつらにせむ日こゆ鳴きわたれ」「あやめぐさひく手もたゆくながき根のいかであさかの沼に生ひけむ」「ほととぎす鳴くやさつきのあやめぐさあやめも知らぬ恋もするかな」などの歌のあやめぐさはすなわちこの草を指したものである

などの同じく潮来ぶしの謡とともに一般世間に拡まって、だれにも唄われる有名なものとなったわけである。

しかるにこの謡を実際から観察して批評するとしたら、その謡の中に用いてある名実に矛盾があって、その点からいえば決してこれは佳い謡とはいえない。しかしそんな野暮天なことはいわずに、普通一般の人々が思っているように承知していれば、それはまことに佳調の謡であるといえるであろう。それを今私は実物の上から観て、物好きにもいささかこの謡を批評してみたいと思うが、こんなおせっかいはこれまでまだだれもがこの謡に対してしたことはなかったであろう。

さてこれを批評するにはまず少々予備知識がいる。すなわちこの謡の中に採り用いてある名物なる植物には二つの種類があって、そのひとつはまこも、他の一つはあやめである。まこもは菰で昔からかつみの名のあるものである。これはなんら問題をひき起こさない決まりきった水草で、どこでもよく水中に生じており、したがって水郷には付きものでここそこに盛んに生い茂り、そこにはなくてはならない大形の禾本である。あやめはこれに二つの厳然たる区別のあることを知らねばならぬ。すなわちその一つは昔のあやめで、今日はこれをしょうぶといっている。すなわち五月の端午に用うるしょうぶである。これは水中に生ずる水草であるからまこもと一緒になって生えていることはあるが、決して陸地には生えていない。ただし水が引き去って乾いたときは、その跡の泥地に残って生活していることはあるが、それはただ一時的のものである。その花はまことに不顕著なもので、素人がちょっと見てはどこに花が咲いているか分からぬくらい目立たぬものである。すなわち葉と同色な緑の細かい花が円柱状の穂に集まり付き、それが葉と同じ緑の茎の横のところに斜めに突き出ていて、まあちょっと「グロ」な姿をしている。このように花穂が葉と同色ゆえいっこうに見る人の注意をひかない。

またその一つは今日称うるところのあやめで、これは陸地に限って生えていて決して水中にこれを見ることがない。ゆえに水に生えているまこもと一緒のところには見出し得ない。これはイリス属の一種で、同属のかきつばたやはなしょうぶのような美麗な紫花の咲くことはだれでもよく知っているところであろう。

さて右に述べた予備知識があればこの謡の批評ができるというもの、そこでこの「潮来出島のまこもの中にあやめ咲くとはしをらしい」との謡の中の「あやめ」を吟味してみる。ふつうの人はこれを、紫の美花を開く今日のあやめだと思っているだろう。そうでないと「しをらしい」の句が利かない。一歩進めて考えてみれば、この謡の作者もたぶんこのあやめその草を目標として、それを材料に使ったのであろうと想像せらるる。また『潮来図誌』を編纂した著者も、同じくこのあやめを念頭に置いたことは、その書の扉にある図がそれを証する。その図柄はすこぶる拙《つた》ないものではあれども、それはあやめのつもりで、そしてこの謡に関係を持たせて描かせたものということが推想せらるる。

そうするとこれは陸草で、決して水草のまこもと交って水中に生えてはいないから、「まこもの中にあやめ咲く」と唄っては事実に合わないことになる。この「あやめ」なれば「しをらしい」の点はいい。また実際この花であったなら、それはまったく「しをらしい」。この「しをらしい」点はいいが、前述のとおりこの草はまこもの中には決してないから、この点で困ることになる。これがもしかきつばたであったら、これは水に生えているからなんの問題も起こらぬが、しかしこのかきつばたには不幸にして、絶えて「あやめ」の名称はない。いやじつはこれはかきつばたであるが、それでは口調が悪いから、同類のあやめの名を仮に借用したのだと付会すれば無難だが、これはこの謡にしいて同情した考えで、それは万一そうであったらよかろうくらいのところである。前のごとくそのあやめは「しをらしい」では及第だが「まこもの中に」で落第だ。

それなら謡の中の「あやめ」を昔のあやめ（すなわち今日のしょうぶ）としてみる（図の品）。そうすると「まこもの中に」生えている点は及第だが「しをらしい」で落第する。この昔のあやめ（今のしょうぶ）の花は前に記したとおり、まことにつまらぬけちな花で「しをらしい」という気分は起こそうとしても起きないもので、もしこの花の実際の有様を知っている人なればだれでも、そうだとうなずきこれに反対するものはないであろう。

そら！　この謡のあやめが右の昔のあやめであったなら、微塵も「しをらしい」点をその花に認め得ないでしょう。また今日のあやめであったなら、決してまこもの中に生えてはいないでしょう。一方がよければ一方がわるく、向う立てればこちらが立たず、進退両難に陥ってにっちんとも行かなく、なんと考え込んでも実地からみるとまったく打開の途なく、どうも不都合な結果を馴致《じゅんち》する。これによってこれを観ると、この有名な謡もじつは事実に背いたつまらぬものであるという感じが起こってくる。草深いこんな鄙《ひな》にも意外、そこに珍しくも容色の優れた美妓がいて、それがひとしお「しをらしい」という情調の謡と見れば、なにもくどくどしく前に述べたようなやかましい理窟をいうにはあたらないというならそれでもよいわ。

# 谷間の姫百合という和名の植物なし

欧洲にも北米にも産するが、またわが日本にも生ずるきみかげそう（君影草）、一名すずらん（鈴蘭、らん科にも同名の植物がある）、すなわちConvallaria majalis *L.* をよく世間では谷間の姫百合と呼称しているが、元来そんな和名すなわち日本名はこの植物にはないのである。それゆえ「之を谷間の姫百合と云う」などと書いてある文章を見ると、いかにもその人の学識が浅薄であることが看取さるる。しかしどういう機会から谷間の姫百合というような名ができたかというと、これはこの植物を西洋では俗にLily-of-the-Valleyと称するからである。いまこれを邦語に訳すれば「谷の百合」であるが、この「谷の百合」を美辞的にしたものが「谷間の姫百合」であって、はじめてこの「谷間の姫百合」なる名をこしらえ、明治二十一年から同二十三年九月の間に四冊（完結）出版された西洋小説（原書はBertha M. Clay氏のDora thorneである）の表題となして出した人は、青萍逸人の末松謙澄博士と孤松二宮熊二郎氏とであったが、二宮氏の名はただその第一巻に署名があるばかりである。単に書物の表題ばかりでなく文中にも「殊に谷間の姫百合などは何となく愛らしく人ずきのする花ではありませぬか」（第一巻第百三ページ）の句がある。この『谷間の姫百合』なる小説は当時すこぶる評判であって皇后陛下にも献上して乙夜《いっや》の覧に供え、かつだいぶ読書界を賑わしたものだ。それから後、農学博士川上滝弥、農学士森広両氏著の『はな』（後に『花』と改めてある）と題するかなり世人に歓迎された書物（明治三十五年一月初版発行）の中に、この草を賞讃する中にまたこの谷間の姫百合の名が出ているのであるから、それからだんだんとその名が人口に膾炙するようになってきて、今日では君影草もしくは鈴蘭の名は知らなくとも、かえってこの谷間の姫百合の名は人が知っているようになった。しかし川上氏は植物の学者であったから、谷間の姫百合を和名であるなどとは決していわなかった。すなわち同氏の文には下のごとく書いてある。

> これぞ欧米にて谿間の姫百合と称へ愛でに愛でらるゝ野の花にて一茎を瓶に挿せば香気室に充ち風致亦愛するに堪へたり。谿間の姫百合なる床しき名ある此草になどて和名のなかるべき穂をなせる其花の形より鈴蘭の名は夙《はや》くも与へられ又の名は君影草俗の名は馬耳蘭と称へ漢字は米蘭に宛てぬ

といって谷間の姫百合は欧米の称えであるとことわってある。しかしおおよそ上に述べたような事情から、谷間の姫百合という名を呼ぶようになったが、それを知らずに谷間の姫

百合を、堂々とこの草の唯一の和名でもあるように吹聴するのは、まことに不詮索のいたりであるといわねばならぬ。本来君影草だの鈴蘭だのいう優美な佳き名が既にあるにかかわらず、これを顧みないで、実物をも知らぬ文学者が一小説の書名として、そらに机上で訳した異国の名をもって実際にこの草を呼ぶの必要はどこにある。まことに笑止千万のことである。

　文部省の高等小学読本巻一を見ると、その第十一課「西比利亜《シベリア》鉄道」のところに「美しきは平野満目の草花なり。駅毎に谷百合、忘るな草、桜草等の花束を売る」の文がある。ここには、きみかげそうを谷百合として出してあるが、これまた Lily-of-the-Valley の直訳名である。わざわざこんな直訳名をこしらえなくとも、この草には前にも述べしように既に優雅な君影草あるいは鈴蘭の日本名があるではないか。文部省は何を苦しんでこんな直訳名を用い、旧来の和名を放棄するのか。もし既に良き和名があっても採用せぬとならば、何ゆえに桜草の名もまたこれを棄てざるか。桜草は和名であって直訳名ではない。もしその洋語の Primrose を直訳すれば、早咲き薔薇である。君影草をことさらに直訳名の谷百合で用うれば、この桜草もまたその訳名の早咲き薔薇で用いねばならぬ道理ではないか。またここにある忘るな草は、これもまた洋名 Forget-me-not の直訳名であるが、この草はもとより日本に産しないからしたがって和名というものがない。それゆえこれを忘るな草と訳してそれを新和名とするのは、きわめて適当な処置である。この忘るな草は川上滝弥氏がその著の『はな』の中で始めて勿忘草、または忘れな草と訳したものであるが、このように忘れな草というとあまりに俗に流れすぎてよくないので、小学読本では忘るな草と直してあるがそれが本当であると思う。「予を忘るな」といわねばならぬのではないか。

# 東で人参、西でマンドラゴラ

人参というものは東洋にある。いわゆる神草だ。年を経たものはその根が手足を備えて人の形を呈しているが、この姿をした人参が最も貴い。そもそもこの人参たるや、とてもたいへんな草なので、あるときは夜な夜な人の呼ぶような声で泣いたこともあった。あるときはこの草の生えている上に紫色の瑞気がたなびいたこともあった。また明皎々《きょうきょう》たる揺光星が砕け散って、天から降り地に入ったらそれから人参が生えたこともあった。またその威力で死にたくもない人に頸《くび》を縊らせたこともあり、のっぴきならぬ可愛い娘に身を売らせたこともあった。こんなわけであるから古来これに匹敵するもののない神聖な霊草だとして崇《あが》め尊ばれたものである。

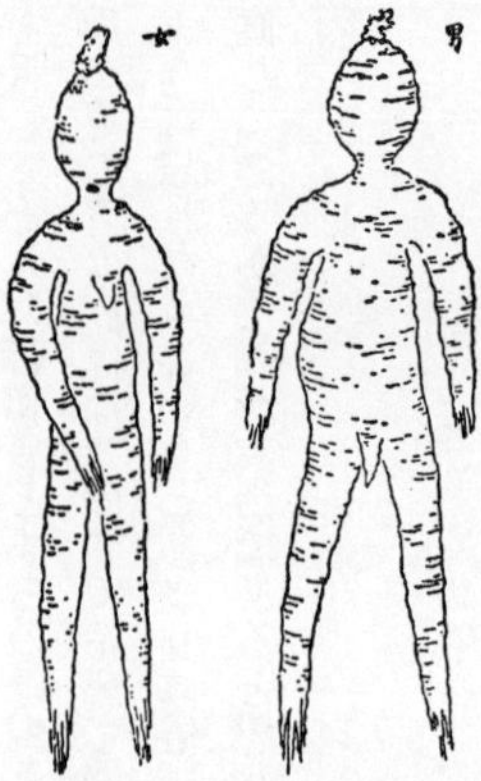


人像人参　蒹葭堂雑録

さてこの東洋の神草なる人参関と相撲をとるものに西洋のマンドラゴラ関がある。今ここにこの遠西の大関にかんし、数年前にものしておいた旧稿から抄出して少しくそれを書いてみる。それはまことに不完全なものながら、詳説は他日に譲りここにはまずざっと説明することにした。

マンドレーク（Mandrake）は昔麻痺薬として使った植物である。この植物の属名は**Mandragora**（マンドラゴラ）であるが、これはヒポクラテスという有名な大昔の医者が用いた名である。これは家畜に害があるという意味のギリシァ語から来たものだそうな。なす科（茄子科）中の狼なすび族（Atropeae）に属する有害植物で、古来久しく迷信の的となっていた名高いものである。

この属の植物は多くは無茎の宿根草である。その地中に直下せる根はいわゆる牛蒡根で多肉肥厚、その根頭から卵形あるいは披針形の根生葉が多数に叢生している。その葉には葉柄があって、葉縁は波状を呈する。後になって内方に出る。葉は一般に狭長でかつ全辺である。花は

マンドレークすなわちマンドラゴラ

むしろ大きい方で、多数にその叢葉の間から出で、花梗を具える。萼は五深裂し、花冠は五裂せる鐘状で藍紫色白色あるいは紫色の網状脈がある。蕾どきにはその花冠裂片は内向鑷合襞《じょうごうへき》をなしている。花冠の下部に五雄蕊があって、花糸はその基部の上が広い。花後に球形あるいは長楕円形の果汁多き漿果を結び、この漿果は子房を両分せる隔膜の破損によってここに単胞となっているのである。

この属中に今日では三種（あるいは五種）が含まれている。すなわちその一はMandragora officinarum *L.*（= *Atropa Mandragora L.*）、その二は M. autumnalis *Bertol.* その三は M. caulescens *Clarke.* である。なおこの他に M. microcarps *Bertol.* と M. vernlis *Bertol.* とを算する人がある。

右のうち俗に Mandrake（マンドレーク）と呼ぶものはすなわちその第一のMandragora officinarum *L.* で、地中海地方ならびに小アジア地方に産し、その葉は大形で卵形を呈し、初生の葉は鈍頭だがその後に出るものは鋭尖頭である。早春に芽立ちて叢生し、地面に平布する。数梗を葉中に抽いて各梗頂に各帯緑な黄色の一鐘状花を着け、臭気がある。萼の裂片は披針形で円形をなせる漿果と同長である。漿果は五月に熟して黄色となり、多肉ですもも実くらいの大きさとなり、一種の匂いがある。

この植物は古い時代に、一時は薬力があるのだと囃《はや》されたこともあって、この草の根にはPseudohyoscyaminとMandrogorinと称する成分を含み、この二成分はともに瞳孔を拡大する力があるといわれた。

昔ジョーセフスという人の言うには、このマンドラゴラに触れると必ず死ぬるが、それを免れる方法はないでもない。また言うには、何の危険もなしにマンドラゴラの苗を掘り採る方法がある。それはその生えている苗のまわりを掘って、その根の先を少しく依然土の中にあらしめ、犬をその苗に繋げば犬はそれを脱せんとあせるから、その勢いでその苗がすぽんと容易に地から抜けるが、しかしその犬はただちに死んでしまうのだとのことである。

このマンドラゴラの根が、ときには二股大根のように両岐するもの、またなお両腕のように分れたものができて、それがちょうど足のあるまた手のある人形のようだから、昔の人がその魔力あるオツな姿に大いに魅せられ、これが天然自然にこんな貌を現わすからには、そこに何かの

マンドラゴラを発見せる女神が得意にそれをディオスコリデスに贈呈している場面。ちょうどこれはその苗を掘り採ってきた時で、ここにはそれを掘り採るに使った犬が瀕死の状態を呈している
（Vienna Dioscorides からの図）

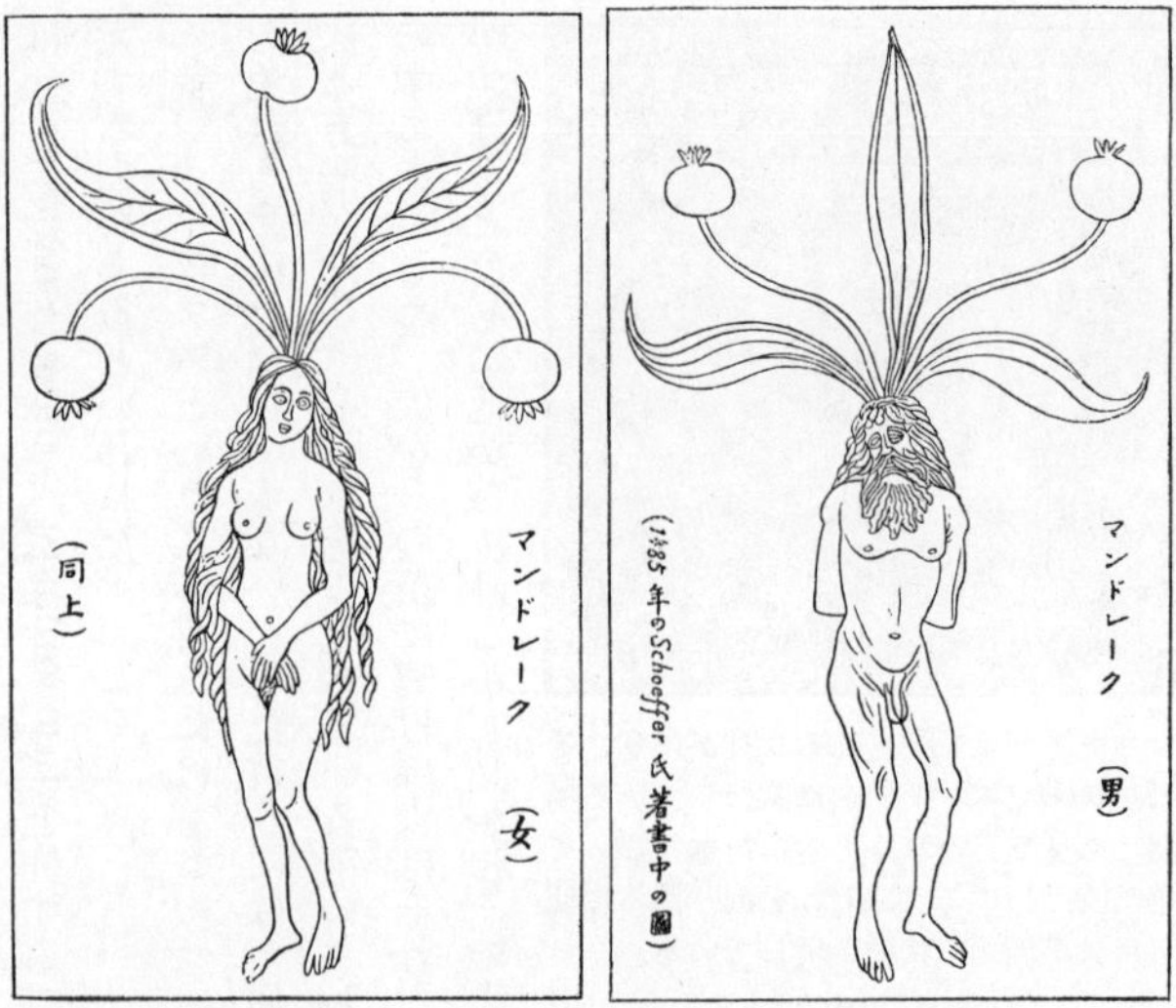


人像化のマンドラゴラ

神秘がなくてはかなわぬとの衝動を受けて首をひねり、ついにはこれが色情を挑発させ、あるいはそれを増進させる催淫薬になると言い出した。そんなわけで、古い昔の薬用草木書には奇想をこらした想像絵がたくさんに出ており、これが男女に分れて、男の方は長い髪をぼうぼうと生やし、女の方は丈なす髪をふさふさと垂れている。こんな伝説が今もなお忘れられてはいないので、人々は自然にこの草を珍重し、今日でも家の外側の土堤のような場所にこれを栽えているところがあり、またうり科の *Bryonia dioica L.* の根をマンドレークと誤信し、今日でもなおこれを薬用として使っているところもある。アラビヤ人はマンドラゴラを悪魔りんごと呼ぶのだが、西洋ではLove Appleすなわち恋りんごの俗名がある。わが邦名としては、既に邦訳の旧約聖書にそうあるように、これを恋なす（恋茄子の意）と呼べば悪くはない。これはその発音が「恋成す」にも通ずるから、恋成就で縁起がよい。伝説によれば、この草を帯びていればそれが惚れたり惚れられたりする恋愛のおまじないになるといわれているから、その時代の青年男女はとてもこれを貴び愛好したことであろう。

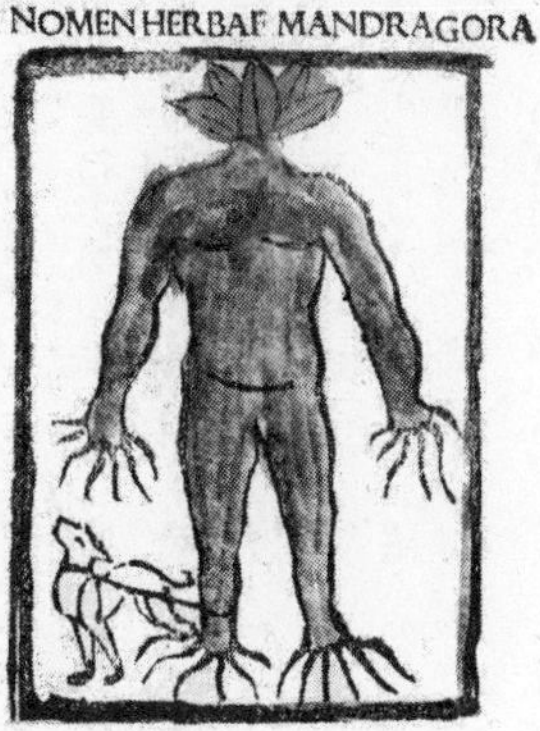

人像化のマンドラゴラ
（1484年出版の古書の図）

　昔の人は、この草を地から引き抜くときは泣き声を出すのだと想像していた。それはその根の形が往々二股に分れて人に似ているから、そんな迷信に陥ったものであろう。またこれが催淫薬になるということも前に言ったごとく、同じくその人の型をしているところから思い付いたものである。当時の人々はそれを信じきっていたので、それ者《しゃ》は明け暮れこれを渇仰したことであろう。

　昔はまたマンドラゴラの主なる使いみちは悪

魔除《よ》け、悪魔払いであったこともあった。この悪魔は嗅いでも分からず、見ても見えぬ幽界の魔物であった。

昔欧洲大陸方面では一時すこぶるこの植物が流行した時代があった。香具師《やし》どもがその両岐せる根の股ぐらへ「ナイフ」で男女のお道具の象《かた》を彫り付けてこれを並べ、さあさあみなさん、男のお子さんがお生まれになるのをお望みのお方はこちらのを、女のお子さんがお生まれになるのをお望みのお方はあちらのをお買い上げ下されて御幸福を得られんことを祈りますと、しきりに妊婦にそれを売り付けたものである。

この草は元来が上記のごとく有毒植物である。そしてそれを吐剤、下剤または麻酔剤とすることができる。昔は主としてその麻酔を利用して、これを麻酔剤ならびに鎮静薬として使用したとのことであるが、今日はそれが廃せられた。そしてまたそれが催淫薬として使われたことは前に記したとおりである。

人によりてはMandragora autumnalis *Bertol.* の方が本当のマンドレーク（Mandrake）だとも言っている。これも地中海地方の産品である。この種は秋咲品で深藍色の花を開くのであるが、M. officinarum *L.* の方は三、四月に開花する春咲品で花色は黄色で緑色を帯びている。

『旧約全書』の「創世紀」の第十三章にあるDudaimというものがすなわちマンドレーク

であるとのことである。英訳の『旧約全書』にはそれがそのとおりmandrakesとしてある。同治二年（わが文久三年）に支那で発行した漢訳の『旧約全書』にはそれを茄と訳し、邦文の『旧約聖書』には前述のとおり恋茄《こいなす》と訳してある。

　ここに興味のあることは、かの有名な詩人のセキスピーアがこのマンドラゴラに触れていることである。すなわちそれは彼の「マクベス」、「アントニーとクレオパトラ」ならびに「ロメオとジュリエット」劇の文章で知られる。

　マンドラゴラ（Mandragora）すなわちマンドレーク（Mandrake）を往々狼毒（元来支那の草である）だとしてあるのを見かけることがあるが、それは今から六十七年前の慶応三年に発行になった『改正増補　英和対訳袖珍辞書』（初版本の第三版に当たる）がおそらく一番の元であろうと思う（ただしこの辞書の初版〔1862すなわち文久二年江戸出版〕には単に草の名と出ているのみである）。すなわち同書に「Man-drake, *s.* 狼毒（毒草の名）」とある。これから後の種々の英和辞書に、同じくそのとおり出ているのはみな右の『袖珍辞書』を襲《つ》いだものであって、今日開版の新版英和辞書でもこの誤謬が解消せられずに依然として昔のままに遺っているのはみっともないと言ってもよい。明治二十五年に出版になった松村任三博士の『本草辞典』にもマンドラゴラとマンドレークとをともに狼毒としてあるのは、おもうに従来の英和辞書に拠《よ》ったものであろう。しかし上の『改正増

補　英和対訳袖珍辞書』の著者は、いずれのところからその狼毒の訳名をかぎ出し来たのか。今とは違い世が慶応という、まさに明治維新の黎明期に入らんとする年だ。こんな際にそれをいずれで聞いたか。たぶんその時分の本草学者かあるいは蘭学者かに聴いたものであろうか、あるいはまた蘭語の和訳辞書にでも基づいたか、その辺の消息は今にわかにこれを追及するに暇がないが、たとえ誤りにしろとにかくマンドレークを狼毒だと主張した人は、それは決してただものではないね。あるいは桂川甫周の『和蘭字彙』か、あるいは野呂元丈の『和蘭本草和解《わげ》』かでも見たらあるいはその端緒でも得られはしないだろうかと思われる。またマンドラゴラの音が似ているので、往々これを曼陀羅華《マンダラゲ》としてあるものを見受くるが、これもはなはだしい間違いである。今日の英和辞書でもなおこの誤謬をあえてして、改むることを知らないので、ひいて白紙の英語学生をどれほど誤りの淵に引き入れるか分かりゃしない。御承知のとおり曼陀羅華は、なす科に属する Datura 属のちょうせんあさがお、一名きちがいなすびのことであって、マンドラゴラとは雲泥の違いのある草である。

ロブスチード氏の『英華字典』にマンドレークを「苦蘵（?・）」としてあるが、この苦蘵はよろしく苦識と書くべき誤りであろう。この苦識は、けだし彼のなす科のせんなりほおずきのことであろうから、これをかくマンドラゴラの訳名とするのはきわめて悪い。それは決して（?）符を付したぐらいの騒ぎじゃない。

さすがに兆民居士の中江篤介先生は偉かった。彼の校閲になった仏学塾蔵版の『仏和辞林』（野村泰亨氏ほか三氏の纂訳で、初版は明治二十年出版、訂正再版は同二十四年出版）には、Mandragora に対して「茄科植物の種類（日本に無し）（植物）」と出ているが、これは正しい事実なのである。明治三十八年に刊行になったエ・ラゲ、小野藤太両氏共編の『仏和会話大辞典』には、他の英和辞書と同様それが「曼陀羅華」としてあるが、それは勿論誤りである。

右の興味深いマンドラゴラ、すなわちマンドレーク、すなわち悪魔りんご、すなわち恋りんご、すなわち恋なすの生本が、昔からこんな有名な植物でありながらまだ一度もわが日本へ来たことがないのは、何としても物足りない。ほかのやくざな外国の草はどしどし入ってくるのに、これはまあどうしたことだ。今日は、はあ「エロ」全盛のときでもあれば、どこかの植木屋でさっそくこれを欧州から取り寄せ、盆栽にでも仕立てて売り出したら、カフェーなどではたちまち競うてこれをテーブルの上に並べるだろうから、きっと大儲けができるに違いない。それは確かにわしが請け合うとくからここは一つうんとやってみるがよい。そのときは、これこの秘策を授けたおれには必ずその儲けの一割だよ、よいか。

## 花の先がけアジアの梅よ不意気なプラムはわしじゃない

早春百花に先がけてひらく梅は、確かに天下の尤物《ゆうぶつ》である。それはアジアの東辺、支那の原産で、往時わが邦に入り来たったものだ。その梅を今日、日本の人は「プラム」（Plum）だと思っている。それは梅の花をPlum Blossomsと書いていっこう平気だ。梅が泣いていらあ。世間にたくさんな英学者はあるが、だれもその誤りを正した人がない。だれかひとりくらいはその蒙を啓《ひら》くものがありそうなものだが、だれもない。元来「プラム」とはなんだね。それは西洋種の李《すもも》のことだよ。日本の李とはよく似たものだが、梅とは違う。学問上では両方とも同じ属だけれどもまったく別のものだ。なおむつかしく言えば「プラム」はPrunus domestica *L.*という学名のもので、梅はPrunus Mume *Sieb. et Zucc.*という学名のものだ。だれもかれもこの西洋李のプラムを梅だときめ込んでいるから世の中は泰平なものだね。少しでも植物種類の知識のあるものはそんな馬鹿な間違いはしないで、梅をばJapanese Apricot（梅は杏に近い種類ゆえこのように西洋人が名づけたものだ）と正しく書くよ。そうしなければ梅のことにはならんからね。

「プラム」は西洋李のことだから梅を「プラム」というのはちょうどDog（犬）を指して猫だとすまし込んでいるのと同じことだ。Dogがニャーオ、ニャーオと啼くと書いたら、西洋人は腹を抱えてどっと吹き出すだろう。こんな分かりきった誤りが正せないのを見ると、英学者も名実を正すことには案外無気力なものだと情なくなってしまう。全体「プラム」を梅だといい始めたのはだれだと尋ねてみると、徳川時代の日本の蘭学者のある者もそうだったが（たぶん当時の蘭人がそう言ったのを聞いて書いたのであろう）、また『英華字典』の著者のロブスチード氏や、『和英語林集成』の著者のヘボン氏などがこの間違いをしたものだ。そこにいたっては、これも早く出版せられたいわゆる枕辞書の『和英対訳 袖珍辞書』や、またいわゆる薩摩辞書の『和訳英辞書』ならびに『和訳英辞林』や、また開拓使辞書の『英和対訳辞書』には、まずほぼ正しくPlumを李の実、Plum-treeを李樹《すもものき》と訳してあって梅とは決して書いてないから面白い。すなわち一方はかしこすぎて誤訳をあえてし、一方は正直であってあやまちがない。また「プラム」を梅というもんだからある学者は、梅は欧洲が原産地でそれから東洋方面へ拡まり来たったと書いて識者の笑いを買ったこともあった。「プラム」を梅だと思い込んでいると、ときどきとんだ間違いが生ずる。上のようなわけだから、これまで永く濡衣《ぬれぎぬ》をきせられておった「プラム」の名は、一刻も早くもとの西洋の李へ還しておいて、梅の英語としては天下晴れての Japanese Apricot を用うべきである。それとも梅の学名は Prunus Mume であるからかの Harakiri（腹切）、Riksha（人力車）、Shogun（将軍）、Samurai（士）、Kimono（着物）などの例にならいて、いっそ簡単に Mume とするかな。梅の花 Mume Blossoms あまり見苦しい字面じゃないね。ついでにいうが桜のごときも日本の桜を単に Cherry の字で用うるのは悪い。日本の桜はすでに西洋人が書くようによろしく Flowering Cherry とすべきである。そうしないと日本の桜とはならんよ。

# 有毒植物について

## （一）

世人一般に、有毒植物と聞けば非常に恐ろしいもののごとく思うており、もし誤ってこれを食いでもすれば、すぐにも生命がなくなるよう考えているが、しかし有毒の植物でもその毒分が強烈なものは、食する後に生命を落とすものがあるが、みながみなまでそのようになることはない。食後生命を落とすほどの有毒植物は、全体の有毒植物から見ると、そうたくさんあるものではない。わが邦でも有毒植物の数はずいぶんたくさんあるが、その中で最も危険なものは菌類《きのこ》の多数と、どくうつぎ、どくぜり、しきみ、とりかぶとの類くらいなものである。中には吾人が日常有毒植物を食用になしおるものもあって、世人はこんなことを聞けば驚くであろうけれど、しかしそれは事実である。諸君はさといもを食い、こんにゃくを食い、なすびを食い、またじゃがいもを食うではないか。または山民は、ときにはまんじゅしゃげ（ひがんばな）の鱗茎を食うものがある。これらは食うとき、その毒分を除きて食物とするゆえ、食うても少しもその毒にあたらない。植物に毒分のあるのはその分量にいろいろあるゆえ、有毒植物の名があっても、中には恐るるに足らぬものがたくさんある。植物体の中に少量でも毒分があれば、それは有毒植物の範囲に入るわけゆえ、有毒植物の中には劇毒のものもあれば、微毒のものもありて一様ではない。吾人はこれらを総称して有毒植物と言うのである。それゆえわが日本でも有毒植物の数ははなはだ多数にのぼっている。

改正前の文部省の読本に有毒植物として、たがらし、きんぽうげ、きつねのぼたんが図まで入れて載っておったが、これらの植物をかくもれいれいしく、このように出すにはおよばないと私は思うた。たがらし、きんぽうげ、きつねのぼたんは有毒植物内のものではあるけれども、その毒分はさほど烈しいものでなく、もし誤って小児がその葉片花果をちょっと食ったとしても、なにも心配するほどのものではない。のみならずこの三種のごとき雑草は、たとえ通常路傍などにあるとしてもさほどその花は綺麗でもなく、その果実が派手やかでもなく、また茎葉が立派でもないゆえ、そう小児等の注意を惹いて始終これを採りてもてあそぶようなものでない。またその中のきつねのぼたんの果実はこんぺいとうのような球をなすゆえ、ちょいちょい小児に摘まれてたまには口に入れてみるけれども、噛みつぶせば味わい辛きゆえ、すぐに口よりはき出し、一度このような目にあえば、また再び小児でも口には入れぬのである。右のような有様ゆえこれらの植物をことごとく読本に載せるにはおよばぬことで、ことにこれらのごときそう危険のなき植物をも、危険なる植物のように見せて、そら、手を触るべからずだの、口に入るべからずだのということは必要のないことである。またそれのみならず、毒があるといえばふつうにすぐにでも命を失うように一般に思っておるものゆえ、さほど危険のなき植物を毒があるから採ってはならん、触れてはならんと小児を恐がらすのははなはだよろしくない。一面に自然物の観察を奨励しながら、一方にこんなつまらぬことを言って小児に恐い思いをさすのは、いっこうにわけの分からぬことである。さほど危険のないものを、危険なるもののごとく言うのは慎むべきことである。

　もしここに、ぜひに有毒植物を入れねばならぬこととなれば、自ら選定すべき品がある。それはなんであるかと言うと、どくうつぎ、しきみ、どくぜりの三種である。この三種の植物には、実際に劇しき毒があってよく人を殺すのである。年々その時期になると、小児がどくうつぎの実を食って死んだとの記事が新聞紙上に見えていることが少なくない。実際にこんなことがあるから、これらの植物をあらかじめ、よく小児にも知らしめて、警戒しておく必要が大いにある。どくうつぎは、国によっていっさいないところもあるが、またあるところになるとやたらにある。花は見るに足らぬものであるが、その穂をなしてふさふさとせる実はじつに美麗なもので、その赤き色をして緑葉間に下がりたるところはだれが見てもまことに立派である。かかるところに小児が出会ったらなんでこれを見逃そう。直ちにその実を採り、そのうちにこれを口に入れてみる。甘い、また口に入れて食う。その甘いはその花弁が果実のとき増大して多汁となり、これが真正の果実を包んでいる。この汁が甘い。ちょうど桑の実の甘さは萼片の増大宿存して多汁となり、この汁が甘いと同様である。これを食いし小児は家に帰って後、大変が起こるのである。またしきみはその果実が肉となりて酸味ある液を含み、さも食えそうになっているところを小児が見付け、往々これを食してその毒にあたり死せる例が乏しくない。またどくぜりは繖形科の品ゆえしたがってせりの香気があり、また葉は大なれども、せりの様子をしておりそのなお伸長せぬ茎は筍の形をなしてこの部も香りがある。ゆえにときとしてこの筍のごとき所をあぶりて食うて、その毒にあたり死することがある。この三品はこのように強烈なる毒があるうえに、その果実などが小児の注視を引くようになっており、また山野路傍に見かける植物ゆえ、こんなものこそ早く小児にも教えて、その恐るべき毒のあるものたることを知らせおくべきである。

「一般の有毒植物は秋冬に枯れ残りたる茎・根にも毒あるものなりや」。それは種々であって一様ではない。枯凋《こちょう》しても依然として毒分の残りおるものもあれば、枯れたれば毒のなくなるものもある。

## （二）秋の有毒植物

「秋の有毒植物」の主なるものを左に挙げてみよう。

**さじおもだか**、**へらおもだか**　この二つはおもだか科の中で、水中または湿地に生ずる。さじおもだかはその葉は楕円形であるが、へらおもだかは狭長である。花穂はともに疎なる円錐状をなし、小花を開く、三萼片三花弁がある。さじおもだかの花は淡紅、へらおもだかの花は白い。

**まんじゅしゃげ**　一名**ひがんばな**　田の畦、川の堤などに多く、または墓場にも生ずる。茎直立し上に深赤色の数花を着く。花のとき葉がなく、花がすんで後長き葉が出で三、四月頃に枯るる。根は球形の鱗茎をなし外面は黒い。ひがんばな科に属する。

**くわずいも**　一名**いしいも**　一名**どくいも**　わが邦では四国の南端、九州の南部、琉球、台湾に生ずる。葉はさといもに似ているが全然緑色で、質はやや硬い。茎が地上に立っているが、これがふつうのさといもの地中の球茎と相当する所である。てんなんしょう科に属する。

**やつで**　うこぎ科の品でふつうに庭園に栽えられ、衆のよく知りたるものである。有毒植物のうちのものであるとある書に出ている。

**つりふねそう**　ほうせんか科の品で、山足の地等に多く紫の花を開き、花に大なる距《けづめ》がある。これに似て黄花を開くきつりふねにも毒分がある。

**なんてん**　めぎ科に属する。ふつうに庭に栽えられてあるが、また野生もある。

**つげ**　つげ科のもので常緑の灌木である。葉が対生して全辺であるゆえ、鋸歯ある互生葉を有する。いぬつげと直ちに区別ができる。材を印材に使用することは衆のよく知るところである。

**まゆみ**　にしきぎ科の落葉小木で、葉は対生し花は淡緑色、果実は下垂し四稜あって淡紅色に熟し、のち開裂して赤色の仮種皮をまとえる種子を出す。

**おなもみ**　きく科で廃地に生ずる大形の一年草である。葉は広くて互生し、頭状花は一株のうち雌雄に分れ、雌花は楕円形をなして刺をこうむる。内に二小花を容る。

**めなもみ**　きく科で廃地に生ずる大形の一年草である。葉は広くて対生し、頭状花はその総苞片ならびに外部の穎状苞《えいじょうほう》に腺毛がある。

**あおき**　みずき科に属せる常緑の灌木で衆のよく知るところである。雌雄別株で諸所山地の樹陰に自生している。

**とうごま**　たかとうだい科に属する一年生の大草本である。その種子より搾取する油はいわゆる蓖麻子油《ひましゆ》である。

**さふらん**　あやめ科の外国産で、紫色の美花を開き花中より黄赤色の花柱を出す。地中に球茎があって葉は花後に出で痩長である。学名は Crocus sativus L.

**はぶそう**　まめ科の一年草で葉は羽状をなし花は黄色である。せんなの一種で外国より来たりたる品である。

**とりかぶと**　うまのあしがた科で通常庭に栽えられ花を賞せられる。葉は分裂し、花は梢頭に集まり鮮紫色をなしてすこぶる美麗である。偏形花で一片帽状をなしている。これらはみな萼片であって花弁は大いに変形し、帽内に奇形をなして立っている。その数は二本ある。

**やまとりかぶと**　とりかぶとと酷似すれども、茎は痩せて長く垂れ横斜し、花はやや小形で紫色が浅い。山地に生ずる。

**はなづる**　やまとりかぶとに似て茎は長き蔓をなしている。

**みやましきみ**　へんるうだ科の常緑灌木で山中に生ずる。雌雄別株で、雌株には梢頭葉間に穂をなして赤実をつづる。葉はしきみの葉に似れども細油点あるゆえただちに区別ができる。

**もんたちばな**　みやましきみの変種で、葉の広き品である。通常庭園に見らるる。

**うちだしみやましきみ**　みやましきみに似ているが、その葉の主脈が上面陥凹して溝をなし、下面はその反対に筋ばりて出ている。房州の清澄山に産する。

**ちょうせんあさがお**　なす科の一年生の大草本である。葉は角ばりて広く、花は白色で大形である。花冠の筒はすこぶる長い、果実は球形で刺がある。熟すれば不ぞろいに開裂する。この種、いまどき内地では絶えてなくしてわずかにある有様である。

**ようしゅちょうせんあさがお**　同じくなす科の一年生草本で、往々廃地に自ら生じている。葉は稜がある。茎も葉柄も紫色を帯びている。花は三寸内外で淡紫色を呈し、果実は卵形で刺があり、熟すれば果皮が四片に開裂する。いまどき世間に多く、たいていの人はこれをちょうせんあさがおと呼んでいるが、それは誤りである。

**しろばなようしゅちょうせんあさがお**　ようしゅちょうせんあさがおに酷似しているが、違う主点はその葉も茎もまったく緑色で紫色をまじえぬことと、花の白きことである。

**ひよどりじょうご**　なす科の多年生蔓草で、茎葉に細軟毛を生ずる。葉は互生しふつうに下部に鈍裂片がある。葉柄は往々他物に一回巻きつきてわが茎を支えている。花は白く小さく、実は球形で赤い。

**たばこ**　なす科の品で衆のよく知るところである。

**はだかほおずき**　なす科の多年生大草本で、茎は粗大緑色、葉は広く、花は短き鐘形で黄色を呈し、果実は下がりて球形で赤い。山足の地などに生ずる。

**いらくさ**　いらくさ科の多年生草本で、いたいたぐさとも称する。その毛に刺さるると痛いからである。その毛が人膚に触るるとその尖頭で刺し、次にその尖頭折れてそれより出る毒液が瘡口《きずぐち》へ入るからはなはだ痛い。葉は対生し花は穂となり雌花雄花がある。

## 日本産のつつじ並びにしゃくなげの類

つつじの類としゃくなげの類は、植物学上ではもとより同属であって、すなわち皆ことごとく Rhododendron 属に属するものである。通常はつつじの類は Azalea の属となし、しゃくなげの類は Rhododendron の属のものとなしてあることがあるが、昔はそのとおりで通じておったものであるが、だんだん種類が発見さるるに従うて、この二つの属に分かちおくことができなくなり、今日ではこの Azalea 属は Rhododendron 属へ合一してしまい、もってつつじ類もしゃくなげの類もいっしょに右の Rhododendron 属に入れてあるのである。しかるに今もなお昔よりの旧慣に従うて、つつじの類を Azalea と言っていることを見受くることあれども、植物学上ではもはやこの旧説には従っていない。それはなぜであるかと言うと、もと、花は五雄蕊を有するものがこの Azalea 属のものであって、わがやまつつじのごときものが、これに属しておったが、その後にいたって、この属に属すべきもので十雄蕊のものが出てくるようになり、また葉も落葉のものがあるかと思えば、同縁のうちにて常緑のものもありて、その雄蕊の数といい葉の生存の状態といい、共にRhododendron属所属の品種と別に区別することができなくなったので、それゆえついにこのAzalea属の諸種を挙げてRhododendron属に入れたのである。

このRhododendron属はしゃくなげ属と称する。このしゃくなげ属はいかなる形状の植物を含んでいるかと言うと、左に記したる標徴を花葉等の上に現わしおるものはことごとく皆この属に属する植物である。すなわち灌木か矮灌木かあるいはたまに喬木であって、あるいは全体に毛をおびないものもあればまた毛のあるものもある。あるいは細小なる鱗甲をかぶるものもあって、枝はあるいは輪生しており、あるいはしからざるものもあるのである。葉は互生しているが、たいてい枝の末端に集まり付き、中には輪生しているかのように見えている。全辺であって、その質はかたくいわゆる革質をなしているものもあるが、また薄くて膜質をなしているものもないでもない。しかして枝上に一年間付いているものもあるがまた二年間付いているものもある。また三年間も緑色を保っているものも見受けらるる。花は大形顕著で多くは繖房状をなしているが、この花軸が延んでおらぬために、繖形を呈することが少なくない。またたまにはほぼ総状をなしておって、花穂にはあるいは花が多数に付きあるいは少数のものもある。また花穂は枝の末端に頂生することもあれば、または枝の側方に腋生することもある。また稀には花が一個一個独在しているものがある。萼の状は種々であって、全く五個の萼片に分れたもの、五歯に刻まれたるもの、皿状をなすもの、漏斗状、すなわち椀の形状をなすもの等がある。また全く不明に帰せしものもある。またかたくて革質をなしたものや、広くて葉状を呈したものなどもありて、花後までも残りて宿存している。花冠もまたその状が種々であるが、多くは漏斗状か、あるいは鐘状をなしているが、稀には筒状のもの、盆状のもの、もしくはほぼ車輻状をなしたものがある。舷部は多少歪形であって、あるいは五裂し、または六ないし十裂し、または稀に五深裂もしくは六ないし十深裂するものがあり、またたまにはほぼ両唇状を呈するものがある。しかしてその裂片は、蕾の時はたがいに相重なりて覆瓦襞をなしている。雄蕊は八ないし十個あれども、また五個もしくは十二ないし十八もあるものがないでもない。しかしてその長短が一花中多少不ぞろいであって、たいてい一方に偏倚しているが、稀に平開して出ているものがある。花糸は鍼形を呈せる糸状であるが、あるいは短きものもあればあるいは肥厚しているものもある。多くは下部に粗毛あるいは長毛がある。葯は背部を以て花糸に連なり、あるいは短くあるいは長く、しかして直立しあるいは内曲しあるいは一処に輻輳《ふくそう》している。背部には距も何もこれなく、葯胞の頂にある小孔にて開裂し花粉を滲出する。花中に花盤があって多くは肥厚し鈍歯がある。子房は五ないし二十室に分れ、花柱があってあるいは短くあるいは長い。しかして一方に偏倚しあるいは内曲している。

花柱の末端の柱頭は小頭状を呈して、五ないし二十室に刻まれてある。子房の各室内には多数の卵子があって、その各室の内方より出でたる胎座の角の処に、多数の列をなして付着している。子房はのち熟して蒴と称する果実となり、形は短きもあり、長きもあり、木質にて子房と同じく五ないし二十室に分れ、のちいわゆる胞間開裂をなして末端から五ないし二十個の殻片に開裂し、その殻片は胎座を有せる一つの中軸より離るるのである。種子は多数ありて鋸屑状を呈し、核は細小で長楕円形である。種皮は網状でその両端は往々延出して分裂している。胚乳があって胚は円柱形をなしている。

このしゃくなげ属にはたくさんの種類があって、アジア・欧洲・マライ群島ならびに北アメリカに産し、その他の地方にはこれを見ない。往々その一種が一緒に集まって生じているが、また品種によってはばらばらに散在している。たとえばわが日本の種類で言えば、しゃくなげ等は林をなして集まっているが、みつばつつじ等は個々別々に散在している。しかして右地方に産する種類はその総計およそ百三十余種（園芸上の多くの変種変品は無論算入せず）もありて、その最も種類多き地方はインドのヒマラヤ山地方である。英国の植物学者 Hooker 氏の著なる『シッキン・ヒマラヤ』のしゃくなげ類の図説は、同山におけるしゃくなげ類を図説して大いにその雄大と優美とを発揮したるものにて、同書をひもとくものはだれも同地の品種の世に優れたるを嘆賞せぬものはない。さすがに世界第一のヒマラヤ山にそうたるしゃくなげたるに恥じぬのである。

わが日本産の品種については Blume 氏も書いたことがある。Zuccarini 氏も書いたことがある。または Miquel 氏も書いたことがある。または Gray 氏 Franchet 氏なども書いたことがあるが、その最もよく研究してその各種を挙げて精密に考査し、もってその結果を公にしたのは露国の植物学者なる Maximowicz 氏その人である。じつに同氏の著なる『東亜しゃくなげ族志』は、東亜に産する同族の品種における唯一の指針であって、東アジア所産の同族の品種を研究する人には、じつに一日もなかるべからざる貴重の一書である。しかしこの書が西暦千八百七十年、すなわち今より三十八年前に公になった後に、発見命名せられたわが日本産の品種は無論この書中には収められてはいないが、これらの品種は数種を下らぬのである。下に日本産の品種を挙げてみようが、しかし園芸的変種ならびに変品は、たいていこの中より除かれている。これらの園芸的変種ならびに変品については予ははなはだ不案内なれば、この方面のことは園芸者に譲ることとした。

### しゃくなげ性の品種

**きばなしゃくなげ**　Rhododendron chrysanthum *Pall.*

この種は日本中部以北の高山に産し、常緑の低矮なる灌木であって黄色の花を開くのである。枝は通常地を這うて生じ、宿存せる鱗小片を以てまだらにおおわれている。葉は大ならずしてほぼ車輪状に出で、枝の末端にあっては集合して生じている。倒卵状長楕円形をなして、末端は鈍頭あるいは円頭をなし、下部は楔形を呈し葉柄を有する。全辺で質は厚く毛はなく、葉脈は上面にあって陥凹し、下面の色は上面の緑色より薄い。長さ一寸五分ないし二寸ばかり、幅は六、七分ないし一寸ばかりである。花芽の鱗片は広闊で、その内部のものは長くて密軟毛を生じている。花は枝頭に出でおよそ三ないし六個繖房状繖形をなして出でている。花梗は直立して細毛を有し、およそ一寸ばかりの長さがあるが、果実のときはこれより長くなる。萼は細小で圧着せる五歯がある。花冠は広き漏斗状で直径およそ一寸余もある。十個の雄蕊と一雌蕊とがある。

**しゃくなげ**　Rhododendron Metternichii *Sieb et Zucc.*

このしゃくなげを最も古く学問的に記載せしは Blume 氏であって、同氏の命名したる Hymenanthes japonica *Bl.* はこの品の最旧の学名である。しかしその前に Thunberg が Rh. maximum *L.* に当てて簡単に記したことがあれども、しゃくなげをこの学名の品に当つるは当を得ていない。この Blume 氏の名が最も古いから、予はそのわがしゃくなげのために設けられたる属名を採ってこれを種名となし、しゃくなげの学名を Rhododendron Hymenanthes *Makino* と改訂したことがある。

このしゃくなげには三つの変わりたる名がある。その一は九州四国の山中に産するしゃくなげであって、その花冠は七裂している。予はさきにこれをしゃくなげの普通品と区別せんがためにつくししゃくなげ、またはおおしゃくなげと新称した。これは花冠が七つに分裂しているから、花体もしたがって大きく、かつ花色も美にして花数も多いためはなはだ見事にて、わが邦しゃくなげ類中の最優品である。

その二はふつうのしゃくなげであって、この品は花冠が五裂している。この品はわが邦の中部ならびにやや北部の山中に生じ、このやや北部の地ではしろしゃくなげ（下に出ずる）と同じ山に生じているのを見受けることがある。

この二つの品はその葉の裏面には、往々鉄銹《てつさび》色の綿毛が密布することがあるが、また全くこれなきものもある。雄蕊は十個ありて花冠よりは短い。

またその三はほそばしゃくなげである。この品は右の第二のしゃくなげの一変種にて、その花冠はやはり五裂し葉は狭長である。葉裏には鉄銹色の密綿毛をしいている。この品は遠州の信州境の山中に生じており、同地のしゃくなげはみなこの品であるとのことを聞いたことがある。

**しろしゃくなげ**　一名　**はくさんしゃくなげ**　Rhododendron brachycarpum *G. Don.*

中部および北部日本の深山に生じ、ふつうのしゃくなげよりは葉薄く長さも短く、葉裏は淡緑色あるいは淡茶色にて、葉底は円形あるいはほぼ心臓形を呈している。しろしゃくなげの名はあれども、その花は純白なるにはあらずして、ときどき紅暈《こううん》がある。花体はしゃくなげより小さくて、その花冠内面の斑点は帯緑色あるいは濁紫色にてちょっと異形に見ゆる。舷部は五裂し、雄蕊は十個ありて花冠より短い。この品はあまり東京などに植えてあるを見ない。山中にあっては、ときにはその雄蕊が弁化して一つの合弁状を呈し、その花はここに二重の観をなすものがある。これは園芸品としてすこぶる面白い品であるが、しかしはなはだ乏しい。予はこの変品を、ゆえありて根本莞爾氏の姓を採りてこれをねもとしゃくなげと称し、その学名を Rhododendron brachycarpum *Don.* var. Nemotoi *Makino* と定めたが、その発見者は中原源治氏である。

**ひかげつつじ**　一名　**さわてらし**　Rhododendron Keiskei *Miq.*

この品は Miquel 氏が本草の大家伊藤圭介翁の名を採りて命名記述せるものにて、その葉のしゃくなげより小形なると花色が黄であるとにより、すこぶる珍重せらるる一種である。その樹は小灌木をなして四時葉がある。葉は両端尖り一、二寸の長さがあってほぼ輪出し、枝の末端の方に集まり付いている。花は一ないし四個ばかり枝頭に出で、およそ四ないし八分ばかりの花梗を有しており、花はおよそ一寸内外の径があり、雄蕊は十個ある。この種はその葉の裏面に細点が散布されているので、他と区別することが容易である。

## せいしか Rhododendron ellipticum *Maxim.*

本種はわが八重山列島中の西表島ならびに支那南部の原産であって、東京ではたまに培養されているが花がめったに出ない。小石川植物園などのものはまだ一度も花が出たことはないが、久留島子爵の愛植せられたるものには、ときどき花が咲き、予は同子爵の好意でその花枝の恵贈を辱《かたじけの》うし、それがため始めてせいしかの完全なる図説を作ることができたので、予はこれを東京帝国大学出版の『大日本植物志』第三集にて世に公にした。今その委曲を知らんとするの士はこの書について見られたい。また『日本園芸会雑誌』へも出しておいたから、その雑誌でも分かるのである。その葉は輪生状をなし、あまり大形ではない。緑色であるけれども往々紫色に染んでいる。花は枝頭に一、二個を出し、広き漏斗状をなし、淡紅色できわめて優美である。このごとき花が枝梢に満ちて咲いたなれば、まことに見事なことであろうと思う。田代安定氏は明治十八年八重山列島中西表島の深山中にて始めて本種を見出されたが、当時同氏はこれを東京の花戸に培養するいわゆるせいしかと別の種類でないかと考えられ、よってやえやませいしかと新称したが、しかしこの品はやはり東京で呼ぶせいしかと同品であることを予は考定した。田代氏の記するところに従えば、西表島にあっては本種の幹は高さ丈余に達し、囲み一尺ばかりを算し喬木の態を呈しているということである。

**さくらつつじ**　Rhododendron Tashiroi *Maxim.*

本種は大隅の種子島にも産し、または鹿児島県下の大島にも見、また琉球の沖縄島にも産する。田代安定氏に従えば、大島では方言をさくらと呼ぶということである。葉は常緑で形はあまり大きくない。花は淡紅ではなはだ優美なのである。

## つつじ性の品種

**みつばつつじ**　Rhododendron dilatatum *Miq.*

本種は最も早く花を開く一種で、まだ葉の出ない前に花を出すのである。花は紫花で枝の末端に一、二個を出し、花梗があって花径はおよそ一寸三、四分もあろう。花冠は五裂し雄蕊は五個ある。子房はただその表面に細腺がしかれて毛がない。この花が四月頃に開いて、山中のまだあまり芽の出ない雑木の間に加わりて独り目に付く風情は、きわめて棄てがたい眺めである。葉は花が離れて後に舒長し枝端に三枚ずつ生じているからみつばつつじと称するのである。この種の正品は雄蕊が五つしかないが、土佐の国には十個あるものがあって一つの変種をなしている。予はかつてこれをとさのみつばつつじと命名し、学名を Rh. dilatatum *Miq.* var. decandrum *Makino* と定めてこれを世に公にした。

### こばのみつばつつじ Rhododendron rhombicum *Mio.*

この種はわが邦の中部以南の山地に多く見るので、形状は前種とははなはだ類似しているが、しかしその葉が少しく小さくかつ雄蕊が十個あり、子房に長毛を密生せるによりて区別せらるるのである。花は前種のごとく紫色であるが、きわめて稀に白花のものがある。予はこの白花の品をわが郷里なる土佐の国の佐川の山地に得たことが一度あるが、今日にいたるまで二度と白花品には出会わない。この白花品はすなわち一つの変種であって、しろばなのみつばつつじと称せられ、学名は Rh. rhombicum *Miq.* var. albiflorum *Makino* である。

### ほんつつじ Rhododendron Weyrichii *Maxim.*

四、五月の候土佐の国などにありて、ここに一簇あそこに一株と、赤く野山を装飾するはこのつつじであって、この品は土佐のみならず、九州にも産すれば本州の西南部にも産する。その産地にあってはふつうの品であるが、東京ではあまりこれを植えたるを見たことがない。花は葉に先だちて出ずるものもあれば、また新葉とともに出ずるものもあって赤色を呈し、これが多数に枝に満ちたときははなはだ見事である。しかしあまり上品な花ではないのが少しの欠点である。雄蕊は十個ありて、子房には長毛を有する。葉は三枚ずつ枝端に出でて平開し、みつばつつじの葉より形が大きい。マキシモウィッチ氏は葉が二枚ずつ出ると書いたけれども、これは一般の通態でないので、三枚ずつ出るのがふつうである。花の腋に出る小枝の末端の葉は、ときとするとその内方のものが不熟に帰して、ただ二枚の葉が発達していることがある。マキシモウィッチ氏はこのごとき状態の標品について記したものとみえる。

**れんげつつじ** Rhododendron sinense *Sweet.*

この種は支那にも産するが、わが日本にも諸州の山地あるいは原野に自生がある。また人家に植えてあってよく人が知っている。花色は黄赤色のもの、すなわちこうれんげつつじがふつうであるが、また樺色のものや黄色（きれんげつつじ）のものがある。花のとき葉はきわめて嫩いが、花後に舒長して長楕円形をなし、薄くして鈍頭を呈しまばらに毛がある。花は繖形に出でて長き花梗を有する。果実は形大きく卵状長楕円形で、縦に深き溝がある。羊躑躅《いわつつじ》とは本品であって毒があると言っている。

**くろふねつつじ** Rhododendron Schlippenbachii *Maxim.*

この種はわが日本には産せぬが、前から渡り来たって今は諸処に培養せられている。その原産地は露領満洲ならびに朝鮮である。春新葉とともに花を出すが、花は大形で枝端に繖形に出で、五裂せる花冠は輻状鐘形を呈し二寸余の径がある。淡紅色で内面の後部に淡緑色の斑点がある。雄蕊は十個ありて、花梗には腺毛がある。葉は五枚ずつ枝端に集まり付き、大形で広闊なる倒卵形をなし、葉頭は円状截形あるいは鈍状凹頭形を呈している。灌木であって嫩枝には腺毛を生じているが、後にはまったく無毛となる。

**むらさきやしおつつじ** Rhododendron Albrechti *Maxim.*

本種はわが邦の中部ならびに北部の山地に生ずる落葉灌木であって、葉は枝頭の方に集まり付き、質は厚くなくして倒卵状長楕円形をなしており、葉縁には縁毛があり、上面には薄く散毛があり下面の中脈上には白毛が密生している。花は新葉とともに枝頭に出で繖形をなしており、花梗は長くて毛がある。花冠はおよそ一寸五分ばかりの径があって紫色を呈し、雄蕊は十個を有する。この種は始め北海道にてAlbrecht 氏が採集したから、Maximowicz 氏がこの人の姓をその種名に名づけたのである。

**もちつつじ** Rhododendron macrosepalum *Maxim.*

わが邦中部地方諸州の丘阜《きゅうふ》等に野生せる一種であって、また四国にも産する。東京付近の地ではこれを見ることがないが、しかし観賞用として培養しているものは少なくないのである。小灌木であって、その小枝には長毛をかぶりまた葉にも毛が多い。葉は倒披針形あるいは楕円状披針形をなし、短き鋭尖頭を有して小枝の頂端に簇生している。葉質は厚くなく、葉脈は上面にあって凹入し、葉面はために多少皺を呈している。花は淡紅色で繖形をなして枝頭に出で、新葉の出ずる少し前に開き、花梗は長くて花芽の鱗片より上に超出し萼と同長であって、腺毛をかぶっている。萼裂片は緑色で長形で、線形あるいは披針状線形をなし、鋭尖頭を有し腺毛があって粘着する。長さはおよそ七、八分もある。花冠は漏斗状鐘形であって五裂し、裂片は長楕円形を呈している。雄蕊は五本ありて、蒴果には腺毛あって下に宿存せる萼を伴うている。その培植せるものの中で花冠が深裂して、その裂片が披針状線形をなしているものがある。これを学術上 Var. rhodoroides *Maxim.* と称する。またせいがいつつじも予の考えではもちつつじの一変種である。次条にこれが形状を述べよう。

**せいがいつつじ** Rhododendron macrosepalum *Maxim.* var. linearifolium *Makino*

（＝Rh. linearifolium *Sieb. et Zucc.*）

このせいがいつつじは、これまで一種独立のつつじであると泰西の学者も園芸家もそう思うておるが、しかしこれは決して独立せる種ではなくして、ただもちつつじの一園芸的変種である常緑の一灌木本であって、枝は輪生し長き粗毛を密生すること、もちつつじと同様である。葉は小枝の末端に集合して線形を呈し、葉柄を有して葉頭は鋭尖をなしている。花は一ないし三個集まり出で、小梗は萼と同長であって、腺毛を生じている。萼は五深裂し裂片は狭長で線形をなし、鋭尖頭を有し、直立して腺毛がある。花冠は紅色で基部まで五深裂し、裂片は線状披針形をなし長き鋭尖頭を有し、外反して萼の倍長である。雄蕊は五あって花冠と同長、子房は密に毛を生じている。

**りゅうきゅうつつじ** Rhododendron rosmarinifolium *Makino*（=Rh. ledifolium *Don*）

常緑の灌木であって多く枝を分かち、小枝には平臥せる粗毛を有する。葉は披針形で鋭頭あるいは鈍頭をなし、葉底は楔状鋭形を呈している。短き葉柄があって革質をなし葉縁および両面に細毛がある。花は白色を呈し、枝梢に一ないし三個集在し、一寸四、五分ないし二寸ばかりの径がある。小梗はおよそ三ないし四分ばかりの長さがあって、平臥せる粗毛を密生している。萼は五片で緑色を呈し、披針形あるいは狭長なる卵形をなし鋭頭を有し、およそ四分ばかりの長さがあって腺毛を生じている。花冠は漏斗状鐘形をなし、後面に点がある。五裂して裂片は楕円形を呈している。雄蕊は十個ありて少しく花冠より長く、花柱は雄蕊より超出している。この品は諸処に培植してはあるが、その自生地がわが邦にあるや否やまだ不明である。

この種に左の変種がある。

むらさきりゅうきゅう（Var. purpureum）。花は紅紫色を呈する。諸処の庭園に培植せられふつうにこれを見るのである。

よどがわつつじ（Var. narcissiflorum）。花は八重にて、白花のものもあれば紫色のものもある。もとより培養せる園芸的の一変種である。

しべつつじ（Var. cryptopetalum）。園芸的の一変種であって、花はせいがいつつじに似ているが、その花冠の裂片は小形不明でかつ鈍形を呈しており、ただ雄蕊と雌蕊とが常形を呈している。

**いそつつじ** Rhododendron ripense *Makino*

常緑の小灌木であって繁多に枝を分かち、枝は輪生し小枝には粗毛が生じている。葉は小枝の梢頭に集まり付き狭き披針形をなして、鋭頭あるいは短き鋭尖頭を有している。長さ一寸ないし一寸六、七分、幅二分ないし四分ばかりありて薄き革質をなし、表面に毛を有しかつ縁毛がある。葉柄は短くて密毛を有する。花はきわめて淡き紅色であって一ないし三個繖形をなして小枝頭に出で、新葉と時を共にしている。小梗は直立し細毛は生ずれども腺はなし。萼は五片ありて狭披針形を呈して尖り、緑色で腺毛を散布し、長さおよそ五分ばかりである。花冠は漏斗状鐘形でおよそ一寸三分ないし一寸七、八分の径があり、五裂してほぼ二唇を呈しており、裂片は楕円形もしくは長楕円形である。後面に斑点を有する。十雄蕊があって花冠より長くはなく、花柱は少しく雄蕊より長い。蒴果は宿存せる萼片より短く、平臥せる粗毛を有する。

この種は東京辺では往々庭園に栽植せられているが、その名はわかさぎと聞いたように覚えているが、これが果して確かなのかどうかは知らない。四国にありてはこの種が大河の岸に自生しており土佐の国の越知村《おちむら》辺では方言をいそつつじと呼ぶのである。すなわち仁淀川《によどがわ》の川縁に多い。また伊予の国の銅山川《どうざんがわ》の河岸にも多くこれを生じている。

この品はりゅうきゅうつつじならびにむらさきりゅうきゅうとははなはだ相似ているが、しかしその葉はこれらより狭く、花冠の裂片はそれより狭く、また花色は薄くて、これまたそれより違っている。

**うんぜんつつじ** Rhododendron serpyllifoliun *Miq.*

わが邦のつつじ中にあって最も小形なる葉を有する一種にて、常緑の小灌木をなし繁多に枝椏《えだまた》を分かち、小枝は繊細にして平臥せる粗毛を有している。葉は倒卵形あるいは倒卵状長楕円形で、鈍頭もしくは鋭頭を有し、基部は楔形を呈している。きわめて短き葉柄を具え薄き革質をなし、上面には平臥せる粗毛を散布し、下面は薄く中脈上に毛を生じている。花は淡紫色を呈し、細小で枝頭に一個ずつ出で、およそ四、五分の径がある。はなはだ短き小梗を具え、小梗には平臥せる毛を密生している。芽鱗はわりあいに大形である。萼片は微細で毛がある。花冠は漏斗形を呈して五裂し、裂片は楕円形である。五雄蕊があって花冠より長く、また花柱は雄蕊より長い。

この種は栽植せられて観賞用に供せられているが、またわが邦に自生がある。この一変種に白花の品があって、これをしろばなうんぜんつつじ（Var. albiflora *Makino*）と称する。

その枝椏は疎にて、葉と花とは少しく大きく花径はおよそ六分ばかりである。この品は西部日本の山地に自生している。

うんぜんつつじは温泉つつじの意であろうと思う。そしてこの温泉《うんぜん》は肥前の国の温泉岳《うんぜんだけ》より来たりたるものであろうが、しかし温泉岳には右のうんぜんつつじはこれなく、全く他の小葉のつつじ、すなわちやまきりしまである。世人がこのやまきりしまの小葉であるところを見て速了し、もって前述の品をうんぜんつつじと呼び始めたものであろうと思う。

**こめつつじ** Rhododendron Tschonoskii *Maxim.*

深山に生ずるつつじの一種であって、小灌木をなし繁く枝椏を分かち屈曲している。葉は小形できわめて短き葉柄を具え、広き倒披針形あるいは倒卵形あるいは長楕円状倒卵形あるいは楕円形をなし、鋭頭を有し、基部は楔形を呈している。表面に平臥せる毛を散布し、小なるものは一分余、大なるものは七分ばかりの長さを有する。花は白色で小形で小梗を有し、一ないし四個ばかり小枝端に繖形に出で、細微の毛あり、五あるいは四萼片を有し、花冠は五あるいは四裂し、五あるいは四雄蕊がある。この品の花は両形があって株によりて異なっている。すなわち、一つは花冠大にして筒部短く裂片大なるものである。今一つのものは花冠小にして筒部長く裂片小なるものである。この両方とも各花冠四裂して四雄蕊を有するものと、または花冠五裂して五雄蕊を有するものとがありて、各株を異にしている。花冠は通常純白色であるが、これに紅色を帯びて美なるものが信州八ヶ岳の箕冠《みかぶり》（方言）の山頂に生じている。

このこめつつじの一種におおこめつつじ（Var. trinerve *Makino*）がある。これはその枝舒長し、葉は少しく大きくして三条の大脈がある。花冠は四裂のものと五裂のものがあって、四裂のものには四雄蕊を有し、五裂のものには五雄蕊を具えおる。このおおこめつつじも深山に生じて、その花は白色である。小灌木であって小枝には平布せる粗毛がある。葉には短き葉柄を具え楕円状披針形をなし鋭頭を有し、下部は楔状鋭形を呈している。大なるものは長さ一寸幅四分に達するものがあって、平布せる毛を両面に散布している。

## 毒草と食用草の見分け方

毒草と食用草とを、ただちょっと外観から区別するということはなかなかむずかしいことである。かくかくのものが毒草でありかくかくのものが食用であるというように共通せる外観があれば、通俗的に見分けることが容易であるが、そう一定した標準がないのであるから、確実にいえばやはり植物学を学んでどれが毒草、どれが食用草と、いちいち機械的に覚えるより仕方がないのである。

しかし綿密にいえば、毒草には多少は共通点がないでもない。それは臭・味・色などで、たとえば摘んで臭いを嗅いでみると、一種の不快な臭いがあるとか、茎をちぎってみると妙な色の汁が出るとか、嚙んでみると不快な刺戟性の味があるとかいうようなことである。そういう不快な感じのするものは、人が好んで食用にするはずがないから、自然食用草にはそういうものはないわけである。それゆえまずいやな感じのするものは用いないということにすれば、比較的安全である。

けれど毒草の中にも、稀には色も臭いも味も別だん変りのないものがあるから油断ができない。たとえばとりかぶとなどべつに悪い臭いもないし、茎から妙な汁が出るということもない。味はもし根を掘って味わってみれば刺戟性があるであろうが、茎などを噛んでみてもべつに変わった味はない。ふつう摘草にいった人が、いちいち根まで掘って噛んでみるようなことはしないから、ほとんどどの点にも変りはないように見えるのである。けれどこれは強い毒分を含んでいて生命を奪われるのである。かつて東北地方でしとぎ（和名もみじがさ）という食用植物が、その生え出しがこのとりかぶとによく似ているところから、誤ってとりかぶとを食し生命を失ったということを、新聞紙上で見たことがあった。それであるから単に臭・味・色に変りがないからといって、絶対に安全とはいわれないのである。

いったい毒といっても程度問題で、人間の健康の平安を害するものは毒である以上、たとえばとうがらしなどでも、多く用い過ぐればやはり毒になるのである。また茄子の種類の中にも毒のあるものもあり、ふつうの茄子にも多少の毒分があるようである。ゆえに茄子を煮る前に、皮をむいて水につけて充分にあくを抜けば毒分を去り、味をよくするのである。じゃがいもなども芽立ちのところには毒分があるので、昔からじゃがいもの芽は食べるなといわれているのである。これも煮る前に一、二時間水につけておくと、刺戟性がなくなって味がよくなるのである。さつまいものように生で食べられないのはこの刺戟性を帯びているからである。里芋も毒分があるから、生ではとてもえごくて食べられない。その他こんにゃくいもなども生で噛んだらとても辛くて仕方がない。それが製造されるうちに自然に毒分が去られるのである。まんじゅしゃげ（一名彼岸花）なども毒草であるが、あれの球根を採って搗《つ》き砕き、袋に入れて幾日も水にさらして毒分を去り、餅に入れて食用にするところがある。これを食用にして米を節約し、大いに経済を豊かにした農夫が土佐の新改村にあったと聞いている。

かくのごとく毒草も用いようで食用になり、食用草も場合によっては毒になることもあるのである。薬品などには毒草を利用したものが多いのである。
がいして草の類では、人が誤り食して死んだという例が少ないようであるが、茸では毎年幾人かが死んでいるようである。また草でなくても、実で危険なものがたくさんある。毒うつぎなどは赤い実がふさふさとなり下がっていて、熟すると少し黒味を帯び、口に入れると甘いので、子供などがよくとって食べたがるものであるが、これも生命を奪われるから注意しなければならぬ。相州平塚、大磯付近、箱根近辺、房州等にたくさんあるが、これはよほど警戒しないと危険である。

それからお正月頃によく毒芹を市中で売っていることがある。先日も神戸で売っているのを見たが、毒芹（一名大芹）の地下茎は、はじめ筍のような形をして緑色をしたたいへん美しいものである。水盤とか鉢などに植えて床の置物にすると非常に雅趣のあるものである。みだりにこれに水竹牡丹という名をつけて売っている。そしてこれを植えておくと牡丹のような花が咲くなどといっているが、それは偽りである。茎が立つと三、四尺余になり、それから枝が出て胡蘿蔔《こらふく》のような花が咲くが、べつに美しい花ではない。右の筍形の地下茎へはまた延命竹、萬年竹、鳳凰竹などと芽出たい名を付けていることがある。徳川時代には武州の千束の池にこの毒芹がたくさんあって、植木屋がそれを採っては市中に売りに出たものである。そのときにはこれを花わさびと呼んでいた。わさびにも似ているからである。それを麴町のある商人が買ってわさびのように食べられるものと思い、わさびおろしにして食べたところ、しばらくすると臓腑をくつがえすがごとく覚え苦痛に堪えず、全身紫色になって死したという実話がある。信州にもこれがたくさんある。香りが芹のようでちょっと美味しそうに思われるので、あるとき乞食がこれを焼いて夫婦で食べ死んだという話もある。この毒芹は売っていても買わないようにして、あやまちのないようあらかじめ警戒せねばならぬものである。

もう一つ警戒せねばならぬものに、しきみの実がある。しきみはしばしばのことで、仏に供えるために秋の彼岸にたくさん出るものであるが、この実は少し酸味があるので子供などがよく口に入れたがる。明治初年に、上野公園にあったしきみを子供が食べて、毒にあてられたことがある。いったいに子供はよくなんでも口に入れたがるものであるから、子を持つ親はよほどこれらの植物に注意しなければならぬ。

わが国の教育程度がもっと進んで、一般の人が植物についてもこのくらいの知識を備えているようにならなければいけないと思う。しかしこれは学者の方にも罪がある。学者が自分の豊かな知識で子供達にでも分かるように種々の植物を図説して、一般家庭の読物として供給すればよいのであるが、これを怠っているから一般の人があまりに無智で、そのために危険にあうことが多いのである。

# 菊

秋高くようやく滋きの候、都鄙《とひ》の庭園をあまねく飾るものは菊花である。この家植の菊花はもとわが日本の産ではなかったが、『本通朝紀』によれば初めて仁徳天皇七十三年に唐（支那）より菊種を献じたとある。しかし学者によりてはこの説を疑いて、菊の本朝に渡り来たりたるは平安遷都の頃よりであると言っている。また人によりては奈良朝時代に菊花の詩があるから、既にその時代に菊が渡っておったと論を立てている。このようにその渡来の時期については種々の説があれども、とにかく菊花が上古に隣国の支那より渡ったことは事実で、それまではわが邦にはまったくこの家植の菊花はなかったのである。

家植の菊花はわが邦にあっては上古の世に源を発してその種を今日に伝え、今は最もふつうでだれ知らぬこともなき花となり賞翫《しょうがん》せられ、したがってその培養の術も既に久しく精巧をきわめ来たった。その間には菊花に関する種々の書物が出版せられ、また巧みにその品種が増殖せられて、今日ではじつに幾百種を算うるのみならず、今なお年々歳々その嗜好者によりてその新花が無限に殖えつつあるのである。そして今日ではほとんどわが日本の国花と言っても恥ずかしからぬような有様にまで発達しており、またことにこの菊花がわが皇室の御紋章に用いられておって、まことに貴い花となっていることは世人のあまねく知るごとくである。元来この菊の花は、少なくとも植物教科書を読んでいる人々の知りおるように、もとより一輪の花ではなく一個一個独立した花が相集まって一つの集団、すなわち一社会を形づくったもので、元来は短縮した一つの花穂である。それが前世界の世に子孫繁殖の関係上その必要に迫られて、このごとき短縮した穂すなわち円き花穂となり、あたかも一花のような外観を呈するように変わったのである。このごとき花穂を植物学上では頭状花（Capitulum）と称する。この頭状花はたくさんの花が相集まって一緒に咲くのであるから、昆虫が来るとそのたくさんの花がいっせいに媒助せられ、一匹の昆虫の一度の飛来でもたちまちたくさんに実のできる準備ができる。

　また花中の雌雄蕊のぐあいによりてなるべく自花受精を避くるような装置になっており、また花頭の周囲には有色の舌状弁がぐるりと環列して招牌《かんばん》の役を務め、その紅、紫、黄、白、橙、藍等の色はよく昆虫をして遠くより花体を認めしむるのである。このように花の中では分業なども行なわれて一つの社会をなしているのであるから、それゆえ菊類は植物の中でも一番発達進歩した花すなわち一番高等な花となっている。ほとんど人が動物中で最高等であると同じく、植物の中では菊の類が一番高等な花となっている。この最高等の位置を占めた菊類中の菊が、前述のごとくわが皇室の御紋章に用いられてあるのはまことにめでたく、まことに尊き心地がせらるるのである。

支那はもと菊花の発祥地ではあるが、しかしその家植の菊は今日ではその本国なる支那をしのいで、わが日本がひとりその覇権を握っているほどにわが邦で発達を遂げている。じつに今日わが邦は菊花では世界の一等国であると称しても決して誣言《ぶげん》ではないのである。

支那では菊花は一面観賞品となりおれども、また一面にはその味の甘きものを薬用として上古より使用したものである。たぶん始めは薬用のみに用いたものが、世が開けるにしたがってその中より観賞用の菊を撰出し、またさらに培養するようになったのだろうと思う。宋の『本草衍義』には「菊花近世有三十余種」の文がありまた明の『本草綱目』には「菊之品凡百種」の句がある。けだし培養せる菊を言ったものであるが、このように培養せるこれらの菊の幾品かが、昔わが日本へ渡されたものである。菊を薬用にすることは始めとく既に『神農本草経』に出で、くだってその後本草書にはみなこれを登載している。その薬効の中には「久しく服すれば血気を利し身を軽うし老に耐え年を延ぶ」等の記事がある。また野生菊の産地として「菊花、雍州の川沢及び田野に生ず」、「処々に之あり南陽菊潭の者を以て佳なりと為す」等の文がある。また菊の異名として節華、女節、女華、女茎、日精、更生、伝延年、治牆、金蕊、陰成、周盈、金英、九華、長生草、延年、等の名がある。またその花の雅名を隠逸花、拒霜、霜傑、東籬客、佳友、寿客、帝女花、延寿客、黄鈿、黄華先生、等と称する。

きく科（菊科）の中に、クリサンテムム（Chrysanthemum）と称する一属があってしゅんぎく、こはまぎく、しまかんぎく、ふらんすぎく等がその属に属する。その中で菊もまたその一員であるが、その容姿は菊が一番傑出して立派である。それゆえ学問上ではなく俗間でクリサンテムムといえば菊の専用語のようになっているのは、菊がその属中で大立物であるからである。しかしこのクリサンテムムなる属名は菊を本としてできたのでは無論なく、菊はただ後入りの品たるにすぎない。それゆえ菊が世に出て学者に認められたときは、このクリサンテムムなる属名はとっくの昔すでに世に出ておったのである。すなわち菊はこの属名制定後九十年の後に、やっとここへ入って来たにすぎない。しかるに世には「クリサンテムム」は「禁裏さんの紋」ということから出たなどと真面目に説く人があるけれども、そうではなくこれはただ一場の洒落を言ったにすぎないのである。

クリサンテムム（Chrysanthemum）の名はかなり古くできたもので、西暦千七百三十年頃にはもう、とく欧洲でその言葉が使われてあった。これが学問上の属名に採用せられたのは、同じく千七百三十五年頃であった。すなわちかの有名なる瑞典《スウェーデン》の碩学リンネ氏がそう決めたのである。その語原はギリシァ語の「クリソス」（Chrysos）、すなわち黄金と「アンテモン」（anthemon）、すなわち花の二語を合して作りしもので黄金花という意味の語である。これはそれで呼ぶ草の中には黄色の花を開くものが主になっていたから、そこでクリサンテムムと呼んだものである。

菊は園芸家方面ではふつうに大菊、中菊、小菊の三つに大別している。これは花の大小によってそうしてあるのである。その中で大菊と中菊とは、ふつうその茎の頂に一輪ずつの花があるが、これはもとより天然の姿勢ではなく、みな花の咲く前に既にその側枝を摘み去りて、ただこれを一本立てにしたにすぎない。ゆえに世人はそのような一輪咲きの菊の花を見てそれが菊の本来の姿であると思うたならば、それはまったく大間違いである。これらはただ人工を加えて一本咲にしたにすぎない。しかるにこれに始めから人工を加えず自然に任せておいたなれば、これに多数の枝が分れて、したがって花もたくさんに付くのである。これが本然の姿勢である。

天然咲のものは、無論花は一輪咲のそれよりはやや小さけれども、たくさん賑やかに咲き揃いて、かえって一段の風致のあるのを覚ゆる。小菊はこれを一輪咲に仕立てることのないのは、その花があまり小形であるから充分に枝を出させてたくさんの花を咲かせるのである。

園芸方面では大菊、中菊、小菊と分かっているが、その大菊と中菊とこれに加うるに小菊の一部分が学問上一種であって、これを従来学名クリサンテムム・シネンセ（Chrysanthemum sinense *Sabine.*）と呼んでおった。しかるところそれよりおよそ三十年ほど前に付けられたクリサンテムム・モリフォリゥム（Chrysanthemum morifolium *Ramat.*）という名があることが分かって、今日では名称をやかましく言う人はこの学名で呼ぶようになっている。しかるに世間にはなお従来の因襲によって前名を慣用する人が多い。小菊を形づくる一半は前述のとおりであるが、その一半は学名クリサンテムム・インジクム（Chrysanthemum indicum *L.*）から来ている。このインジクムはしまかんぎくである。インジクムの種名があれどもインドには産しない。これはリンネ氏が本種をインドから来たと思い違いをして、かく名づけたものである。

家植の菊はもと支那から渡り来たりてよくわが邦で発達し、今日の盛況を呈しているものの、その原種は支那のものである。それゆえこの家植菊の故郷は無論支那である。それなればただ支那のみが菊の領地であるかというと決してそうではない。わが日本も同じく菊の領地である。何となれば、わが邦で野生の菊より家植の菊を作り出したことはないけれども、その野生の菊、すなわち家植の菊と同種、すなわち same species のものが天然に生じているからである。日本も支那と同じくクリサンテムム・シネンセの領域である。

わが日本で始めて野生の菊すなわち植物学上家植菊の原種たるべき菊が発見せられしは、明治十七年の秋であった。すなわち土佐国吾川郡川口村の仁淀川に沿うた地で始めて私が採集した。その菊は確かに家植菊と同種であってそして学問上その原種に立つべき天然生の野菊であった。私はこれに野路菊の新名を付した。花色は白で花形は大きくなく、単葉咲でその葉はこの種の葉の特徴を表わす心臓状底である。その後なお土佐では所々にこれを見付けたが、主として海岸に近い地方に多かった。よく成長すると高さが三、四尺にもなり、途中から家植の菊のように三本に分れる特徴がある。だれでもその生本を一見すればこれが家植菊と同種であることが首肯せらるる。私は明治二十四年五月に拙著「日本植物志図篇」第九集ではじめてその図と名称とを発表しておいた。その野路菊はさらに九州から大島を通じて琉球に亘り、ひいて支那の南部に産することが分かった。

この野生の野路菊は、大昔から少しも人手にかからずに、単に野生の状態を持続し来たにすぎない。しかし採ってこれを培養して改良するなれば、ついには今日の家植の菊のようなものが必ずできるだろうと想像する。支那の家植の菊も、もとはこのような野生の菊に改良を加えたものにほかならぬのである。そこで家植して観賞菊となったものを昔わが国へ渡したに外ならぬ。

小菊の一部の原種である島かんぎく、すなわち Chrysanthemum indicum *L.* は支那と日本とが原産地であってインドにはない。リンネ氏がこれにインジクムの種名を下したのは、本種がインドから来たと思い違いをしたに基づく。この菊はわが邦では四国九州辺に多く、茎は細長、花は黄色である。秋さかんに開花する。東京の花屋にある寒菊はこの変種で、中心小花が大形に発達したものである。島寒菊の名は古く小石川植物園で付けたものだ。これは本品を伊予の一島嶼から採り来たりてその名を命じたのだが、この菊はなにも島に限りて生ずると限ったものでないことを思えば、その名は一知半解的のものであることが分かる。

黄が菊の本色か、白がそれかといえば、私は白が菊の正色であると答えたい。菊の原種すなわち野路菊の花は絶対に白色である。菊の黄色は培養によってできたもので、白から変わったものである。黄は天地の正色であるから菊の花は黄色を正とするという説は、支那人のいうところなれども、それは支那の黄土の色から割り出したもので、花色が従になっている。これはどうしても花色を本とせねばならぬ。花色を本とすれば白色を正色とせねばならぬ。黄菊よりは白菊が本尊である。

菊をわが邦にてきくと呼ぶのは無論その字音から来たものである。これは菊花がもと支那から来たものであるから、そのように呼んでしかるべきである。しかるにきくは括《くく》りの意で、そは花形括りよせたるごとしと解している『傍廂《かたびさし》』（書名）の著者などあれども、この解釈は無論当たっていないのである。また菊を昔は「かはらをはぎと呼びたり」と深江輔仁の『本草和名』、源順の『和名類聚鈔』に出ている。また『本草綱目啓蒙』によれば古歌の名としてかわらよもぎ、おとめぐさ、あきしべのはな、あきしくのはな、くさのあるじ、てちよみぐさ、よわいぐさ、あきなぐさ、のこりぐさ、ちぎりぐさ、ももよぐさ、たてりぐさ、たきものぐさ、おきなぐさ、ちよぐさ、まさりぐさ、こがねぐさ、ほしみぐさ、かたみぐさ、ながづきぐさ、あきのはな、あきぐさのはな、あつかいぐさ、いなてぐさ、やましぐさ、の二十五名が挙げてある。歌人は種々の名でこれを歌に詠み込んだことが分かる。

竜脳菊という小形の菊があって、わが邦諸州の山野に自生し、秋深けて白き花を開くものがそれである。人によってはこの菊を家植の菊の原種のように思い違いをしているが、決してさようではなく、これは全然別種の菊である。それゆえこれをいくら培養改良しても決して家植の菊とはならぬ。そして野路菊と区別の点は、主としてその瘠小なる体と、葉の小なることと、葉底の心臓状をなさぬことと、またその総苞片の外列者が狭小なことに存する。学名はクリサンテムム・ヤポニクム（Chrysanthemum japonicum *Makino.*）である。

また油菊というものがある。東京近郊辺にも野生している。花は小さく黄色で枝頭に集まり開く。この品も家植の菊とはなんの関係もない。学名はクリサンテムム・ラヴァンズリフォリゥム（Chrysanthemum lavandulaefolium *Makino.*）である。この花の白き品を白油菊と称する。たまに野外で出会ぅことがある。

塩菊というものがあって海浜に生ずる。一つに浜風菊と称する。この菊の野生のものは花が小さいが、培養したものには花の大なるものがある。しかしこの種の葉は裏面が白くて葉底が楔形をなしているからすぐ区別がつく。学名はクリサンテムム・デケーネアヌム（Chrysanthemum Decaisneanum *Matsum.*）である。舌状弁のまったくないものの一変種を、まめしおぎくと称する。また花がかなり大きく咲く一変種にさつまのぎくと呼ぶものがあって、薩摩に産する。これらもまた家植の菊花とはなんの関係もない種類である。先年矢田部博士がこのさつまのぎくを菊の一変種と考えたのはもとより誤りであった。

## 植物の「コスモポリタン」

草にも遠来のお客様があって、わが在来の草と親しく相交わって生じ、おたがいに仲よく生活を遂げている。このお客様を世人は帰化植物と称しているが、じつはこれを帰化というのはあまりよい訳字ではない。帰化というと先方にはなくって、こちらへ移り、ひとりこの地のみで繁殖していることになり、向うにもありこちらにもあっては帰化ではない。これと馴化といえば、帰化よりは意味においてよいことになる。この馴化植物はなかなか多いものであるが、その中で最もふつうのもの若干を左に挙げて話してみよう。

### おおいぬふぐり

おおいぬふぐりという草はいぬふぐりの一種である。いぬふぐりというものは、その草の実の円き心皮が二つ並んでちょうど陰嚢のように見えるからで、ふぐりとは陰嚢のことである。このおおいぬふぐりの実もそれに似ている。その花は四裂片の花冠からなり藍色を呈し、まことに可憐なものである。昼は日光を浴びて開き夜は閉じる。二つの雄蕊と一つの雌蕊とがあって、花の中央はやや緑色を呈し、昆虫が来た時このうちに蜜があるぞとその目印となっている。この美麗な花冠は蜜を吸いに来る虫をつる招牌《かんばん》の役を勤めるので、この虫のおかげでその雄蕊の花粉が雌蕊の柱頭に伝えられ、ここに受粉を全うし、咲いた花は始めて第一の役目を済ませて萎むのである。この草は明治二十年頃にはまことに少なく、東京などではただわずかに見受けられたにすぎないが、今はいたるところに盛んに繁茂している雑草となってしまった。これと同属でたちいぬふぐりと呼ぶものがあるが、これも明治十七、八年頃は東京でもわずかに限られた処に生えておったが、今は日本国中に拡まっている。前の種もこの種も、共にその細かい種子は開裂する果実から地上に落ち、雨水のためにその地この地に拡げられ、だんだんその繁殖をたくましうするのである。

古くわが日本へ入ったまめ科のうまごやし（苜蓿）は、東京でも一時さかんに繁茂しておったが、今は市内は勿論のこと市外の近郊でも少しも見えなくなった。相州葉山辺にあるが東京は右のとおりだ。これが東京市辺にある時分、同属のこめつぶうまごやしはきわめて少なかったがこれは今もなお東京で得らるる。

## まつよいぐさ

まつよいぐさ属すなわちOenothera属で、従来日本へ入って今日なお見るものにまつよいぐさ、おおまつよいぐさ、めまつよいぐさならびにつきみそうの四種がある。そのまっ先に来たものはまつよいぐさである。それが今からおよそ七十年ほども前だ。来た当時は鉢などに栽えたものが、後には種子がこぼれてだんだん野生の状態に移り変わり、今は諸州の海浜地ならびに諸国の河原などにふつうに繁殖している。花は大きく色は黄で香りがある。夕方に開き朝に萎む。夕方たくさんに咲いた様は、あたかも月華の流るるがごとしとでも形容すべきものである。花が開きかつ香りを漂わせば、得たりや応と、ゆうがおべっとう式の蛾が得意げに花間を飛び廻り翔け廻り出雲の神様の役目をつとめ、一場所で何十組の結婚が行なわれ、これが毎晩続くのである。おめでたいことである。そしてこの媒酌者へのお礼はあらかじめ備えられたる花中の蜜だ。さあそれからできることできること、その子（種子）がうようよと育ち日ならずしてその家（果実）から生まれ出て地上へ散落する。そこへ雨が降ってその種子が湿ると、それから粘液が出て地上の砂だの塵芥などにくっ付き、それから風が吹くとその塵芥などを吹き飛ばすから、それらに連れられて他の方面へ種子が運ばれ、そこで発芽して苗が生ずる。それゆえそれからそれへとこの草が年を追うて拡がる。大河などでは河の上へ河の上へと拡がる。それは河風が河下から河上へ塵芥などを吹き送るからである。おおまつよいぐさをこれに比べると、このものがもし河の縁などに繁殖するときは、まつよいぐさと反対に下へ下へと拡がりゆく。その原因は一つにその種子に粘液が出ると出ないとで分れる。じつに面白いことではないか。おおまつよいぐさは北米の原産であるが、明治十七、八年頃には、東京ではただわずかに品川辺の鉄道の土堤に少々あったくらいであったが、今は日本国中に拡まり諸所で見受けるようになった。今日の人、ことに文士などと称する人はこれを月見草といっているが、これはとんでもない誤りであることは、本当の月見草がどんな草であるかが知れればすぐ分かる。その月見草は白き花を開く品で、決して黄花は咲かない。また決して野生の状態とはなっていない。それは世間ではふつうに見られない。ときとするとただ人家に作られているにすぎない。この品は他の種に比ぶれば弱虫で、野生の状態となるほどの元気がない。茎の高さは一、二尺で、葉は羽状に裂けている。学名を Oenothera tetraptera *Willd.* と称するが、この種名のテトラプテラはその果実に翼状の四稜があるところからかく名づけたものである。松村任三博士の『植物名彙』（改訂の）に Oenothera biennis *L.* をつきみそうとしているのは間違いで、またこれをおおまつよいぐさと同一だとしてあるのも間違い、またこのエノテラ・ビエンニスの学名も間違いで、三拍子揃って間違っているのはまことに御念入りの間違いである。このOenothera biennisの本物は三者で欧洲の原産である。体はおおまつよいぐさに似ているが、花が体のわりあいにすこぶる小さい。色は同じく黄色で、花後たくさんの果実が枝上に連続して付いている。ここそこに野生の状態となっておって、私はこれにめまつよいぐさの新和名を下しておいた。この属の他の品はただ植物園にあるくらいで、決して世間へは拡まっていないのである。

## のぼろぎく

のぼろぎくというきく科の一種は、高さ数寸からよく生長すると一尺くらいに達する。葉は羽状に分裂し、頭状花は黄花で舌状弁、ふつうの菊に見るような広い花びらがない。柔らかい一年草で東京などにはふつうに生じ、冬頃から早く花が咲いており、四、五月頃最もさかんである。もと欧洲から入ったもので、さわおぐるまなどと同属である。属中にほろぎく（一名さわぎく）というものがあって、通常山中に生ずる。葉状や花形などがそれに似て平地に生えているから、さてこそこれを野ぼろぎくと名づけたもので、北海道の野幌という地名とは関係がない。

この他渡来のもので今雑草となって野生しているものは、ひめじょおん（姫女苑）、ひめむかしよもぎ、ぶたぐさ、あおびゆ、しろつめくさ、むらさきつめくさ、ながはぐさ、むぎくさ、おにのげし、おらんだみなぐさ、むらさきかたばみ、ながばぎしぎし、あれちぎしぎし、しろばなまんてま、まめぐんばいなずな、ひめこばんそう、ひめすいば、おらんだがらし、はこべ等たくさんの品種がある。

# だれかやってみないか

わが邦に植物の畸形学（Teratology）の学者がひとりもないのは、単にもの足りないばかりでなく斯学進歩の上から見ても、はなはだ遺憾のいたりに堪えない。この学はすこぶる趣味に富んだもので、かつ植物学の種々の方面へ対してもきわめて必要欠くべからざる一学科であることは、少しでも植物学を学んだ人はだれもが知っているところであろうが、それにもかかわらず、われこそはこれを研究してその方面の旗頭すなわち専門家になってやろうという者が、わが日本にひとりもないのはじつに不思議千万である。私はわが邦植物学の発展のために、だれかにこれを専攻せんことを勧めてみたいと以前からそう思っておった。

この方面の事柄を研究する人は、いたずらに机に対して坐ってばかりおりあまり野外に出向かぬ者では、とてもその選にあたらない。こんな人ならばその学へ対して確かに不向きな生まれである。断えず外へも出て、足に任せて山となく野となく跋渉《ばっしょう》踏破し、博く深くかつ綿密に種々草木の実物に当たり、また眼力の鋭いことも人並みでなく、すぐその的物を見付け得る資格ある者でなくてはならない。また推理に富んだ脳力も必要なので、さらさらとこれを片付けて行く敏活の働きがなければならぬ。とにかく万事をさっさとやって行ける人でなければ、大なる成功をもたらさない結果におわるのであろう。それからまた身体の健康も必要条件の一つで、それでなければ山野を飛び廻ることも、また気をつめて研究することもできないはずである。また歳が春秋に富んでおらねばならぬことも、これまた必要な条件である。

この畸形学はその領分に入って見たならば、とても面白いことではないかと思うばかりでなく、これまでまだだれもわが日本でやっていないから、なおさらそこに意義と面白みと励みとがある。一日でも早くそこに着眼してそれに従事すれば、わが日本において確かにその方面でのいの一番の専門家になれるはずだ。だれか一番ふんどし（おっと、御婦人なればゆもじか）をしめてかかるお方はないかな。私はわが日本の植物学のためにひとえにそれを切望する。

## 植学の語は日本にて作り植物学の語は支那にて製す

植学といい植物学という、共に同じくBotany すなわち Botanica の訳語なり。しかして植学の語はわが日本にて作りしものにて、作者は『植学啓原』の著者なる宇田川榕菴氏なり。同書の序文（原と漢文）にいわく

亜細亜東辺の諸国ただ本艸《ほんぞう》ありて植学なきなり斯《かく》の学ありて其書あるは実に我が東方榕菴氏を以て濫觴《らんしょう》となすと云う客嘲《あざけり》て曰く植学は即ち本艸のみ況《いわん》や其名古《いにし》へに見ず而して杜撰《ずさん》之れを命ず妄《みだりに》も亦《また》甚だしと余謂らく齷齪《あくせく》なる哉《かな》客の言や請う近く譬《たとえ》を取ん云云。

又いわく

弁物の学之を別て植学と曰い動学と曰い山物之学と曰う云云。

而して『植学啓原』は実に天保四年の出版なり〔補〕四年は宜しく六年に改む可《べ》し。

植物学なる語は前述のごとくじつに支那にて作りしものにして、蓋《けだ》し咸豊八年出版の李

善蘭筆述の『植物学』に刱《はじ》まる。しかして書中また故に草木の性を知るを植物学第一の要事となす（原《も》と漢文の文あり。

わが邦明治の初年前後には世人よく植学の語を用いたりしが後植物学の語を常用するに至て植学の名は漸次に廃《すた》れて遂にこれを聞かざるに至れり、また同じく明治の初年には本草学の語を植物学に代用せしものありしといえども固《もと》より正当の見に非ざるなり、これ本草は植物学と同意義にあらざればなり。

# 味噌、糞の見さかいもなき園芸家

毎年五月頃になると東京の水菓子屋（果物店）へオートーと呼ぶさくらんぼうが出ずる。それは世人が普《あまね》く知っている小き円《まる》き果物で、通常赤く熟し見た所すこぶる愛らしいものである。また色の淡きものあるいは黄色を帯びたものなどもあって子供などは喜んで食べる。東京へは多く山形県辺から来る。同地辺ではこの果物がよく実のるのでその樹を多く栽培しているからである。これは原《も》と西洋から来た種類である。オートーとはどういう意味かと言うとこれは仮名遣いはおうとうで、すなわち桜桃から出発したものである。これらをすべて桜桃と呼べとは先年園芸家が東京に集って会議しこれらの品種の名称を議した時そう一定するのだと取り極《き》めたもので、当時その会議に列席した人々の中には博士など称する人達も交っておったがこれらの人々までもよい気になって桜桃だ桜桃だと連呼した。

とんでもないことである。桜桃とは元来支那の特産植物で、この植物以外に桜桃なく桜桃以外にこの植物は無いのである。そして決して西洋には産しない学問上 Prunus Cerasus

*L.* と称する一樹である。すなわち桜桃とはただこの学名の品に限られた固有名でこの樹以外には前記の通り桜桃と称するものは世界のどこにもありはしない。この桜桃は明治の始め頃にわが日本へも渡り来り今でも諸処で折々見掛けるが、しかし盛んにこれを栽培している処は無いようである。早春葉に先だって淡紅色の花が咲き、ちょっとわがひがんざくらを想わせる。花後葉が出で赤い円《まる》い直径五分位な果実を結び食用となるが、これはあまり市場へは出ないようである。樹は灌木立ちで本から分枝して叢生し葉は八重桜の葉ほど大きい。

　前に述べた今日市場へ出るいわゆるオートー（おうとう）は決して支那産ではなく、これは上に書いたように原と西洋から来たものであって東洋方面には全然天然には産しない種類である。学問上の名は Prunus avium *L.* といい俗に Sweet Cherry と称する。春新葉と共に白い花が咲く。

　このように両品明らかに別種で、一は東洋産一は西洋産と全然異なっているものを果実が似ているというので、何の思慮もなくこれを一に律して東洋産品の一種の固有名なる桜桃を西洋産のものへも被《こう》むらせ、これを一緒に桜桃と呼ぶのだと決議するなんて乱暴至極な遣り方である。それゆえ今日では西洋種のものを桜桃と呼んで誰も怪《あやし》まぬほど世の中を欺むいた姿となっている。したがってその間名称の混乱を惹《ひ》き起し、まことに困った現状に置かれている。そしてその罪は誰が負うかと言えば、無論前述会議に預った園芸家の連中であらねばならない。この会議の時相当知名の学者も交っていたが、誰も正当な意見を述べ得なかった。ことほど左様にその辺の事実には「イグノラント」であった事が想像せられる。それだから「味噌、糞の見さかいもなき園芸家」と謡《うた》われても仕方があるまい。

## 日本画家のもみじ葉と実際のもみじ葉

もみじ、すなわちかえで（これに単に楓の字を当てるはじつは非である。なんとなれば楓はかえでの類ではないから）はその葉が掌状に分裂しており、したがってその葉脈がまた掌状に射出している。その天然の葉では、その掌状脈は図の一（原図）に見るように、その各脈が葉の基部の一点から発出している。すなわちその葉が葉柄に付いている一点から出ている。これは掌状に分裂せる葉を有する多種のかえで類みな一様であって、その葉形が種々に異なっておってもこの点はみな相一致している。しかるに日本画家の描くもみじは図の二（原図）、三、四（ともに尾形光琳の図）、五（『地錦抄』）の図に示すごとく、その葉脈が葉の基部よりだいぶ上がりし一点、すなわち葉の中央へ寄りし一点より四方に射出している。もしそうなるとこの葉の葉柄は、その葉の下端に付くのでなく、その下端よりだいぶ入り込んだ葉脈発出点に付くのだから、とりも直さずノウゼンハレンの葉のように葉の下面に葉柄の付くようになり、植物学上の語でいえば楯形の葉となるのである。

しかし実際には決してこんな葉脈の出方ならびにこんな葉脈の付き方をしているものはもみじ類には一つもないので、まるでこれは嘘の皮を描いた絵そらごとである。近来毎年開設になる文部省の展覧会などに出陳してある絵画を見ても、もみじは大概このような葉脈に描いてあっていずれもちゃんときまった鋳型にはまっている。こういうことから考えると、いずれの画家もこの最もふつうにしてしかもひんぴんとして画中に収めらるるもみじの葉を、実際によく見たことがないとみえる。換言すれば、ちゃんと葉脈までも調べた人が画家中にないとみえる。今日以後は、学校でそうとうに植物学、動物学等の博物学を学んだ人々が絵画を見るお客様すなわち鑑賞家になるのだから、あまり時世おくれの間違った描き方をしておってはならぬと思うが、画家の諸先生達はなんとお考えかな。

およそ葉を描くに、その葉脈の真髄を写すことの必要なるは、葉を少しでも学んだ人の直ちに首肯するところである。この葉脈のぐあいによって、その植物がなんであるかの特徴が表わるるもので、葉はただその円いとか楕円とかの外形ができておったならそれでよいというものではない。葉面に現われているすべての葉脈は、葉に対してじつに重要の位置を占めているものである。日本画の画家が草木を描くとき、一般にこの葉脈に注意せずしてこれを邈視《ばくし》する姿のあるのははなはだしき欠点の一つであると言わねばならぬ。これがためにせっかく丹精をこらして描いた草木も充分深き印象を観客に与えないで済むのが

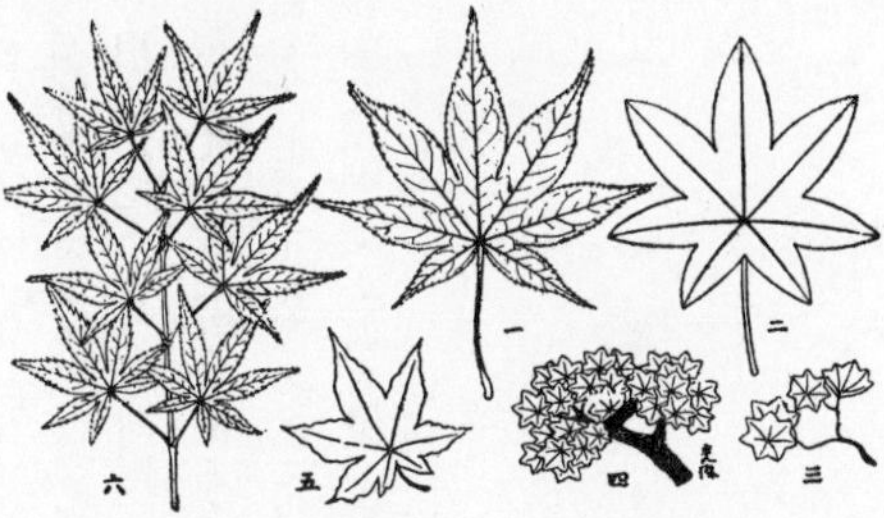


多い。葉脈はただその中脈の両側へ、単純に魚の骨式に羽状に出てさえすればそれでよいというものではない。しかし日本画にはまたそのようになんの思慮もなく描いたものがきわめて多く、たとえばつばきの葉の葉脈でも、かきの葉の葉脈でも、いずれも同じ脈状となっている。すなわちその植物固有の脈状が、少しもその葉に特現していない。私はこんな画を見るたびに、世の画家というものは年がら年中たえず物の形を描きおるのにかかわらず、なぜこんな分かりきったことが一番さきに気が付かぬであろうかと、じつにそれが不思議でならない。しかし想い回せばこれは日本画の癖として、画の習い始めより実物から離れて一種その流の型に入り込むものであるから、それゆえ局外者から見るような公平の感じが少しも起こらぬものと見える。

もみじの葉が枝に付くにはもとより対生でなければならぬ。またその各対の葉は、左右交互にその一方の葉の葉柄が短い。これはなぜであるかというと、このようにならなければその葉は互いに相重なりあうの部分ができて、その葉面が残るくまなく日光を受けるにぐあいが悪いからである。しかしそれが上に述ぶるごとく、実際に交互葉柄が短いものであるから、それがために葉面が重なることなしに、すこぶる都合よく相並んでいること前掲図の六（原図）のごとくである。このこともまた画家のよろしく心得おくべきことであると信ずる。かえでをもみじと呼んでも今は一般に通ずるが、じつはもみじはかえでの名ではなく、樹の葉が赤くまたは黄色くなったものをしか唱える。その中でかえでが最も優っているから、もみじがついにはその樹名のようになったのである。

## 「南葵」とは本字当て字の組合せ

紀州であった徳川家でよく用いている「南葵《なんき》」の字面は、元来南の本字と葵の当て字との組合せでできたものであるから、じつ言えばあまり好い熟字ではない。南葵文庫など言うといかにも上品でかつ高尚に聞こゆるが、それを解剖してみればちょうど剝製の鳥のようで上辺は綺麗だが中身はつまらぬ鵺《ぬえ》的なものである。

徳川家の紋はあおいであるが、これは元来山城加茂神社の祭に用うるかもあおい、一名ふたばあおい、すなわちいわゆる双葉細辛《さいしん》から来たもので、その葉形に基づきてそれを紋に作ったものである。このかもあおいは元来細辛の類で、その学名をば Asarum caulescens *Maxim.* と称し、うまのすずくさ科に属し本来のあおいすなわち葵とはもとよりなんらの関係ももたないものである。それゆえ「南葵」と書くのは決して好い字面とはいわれない。

しかればあおいすなわち葵とは何であるかと言うと、それはふゆあおいのことで支那で

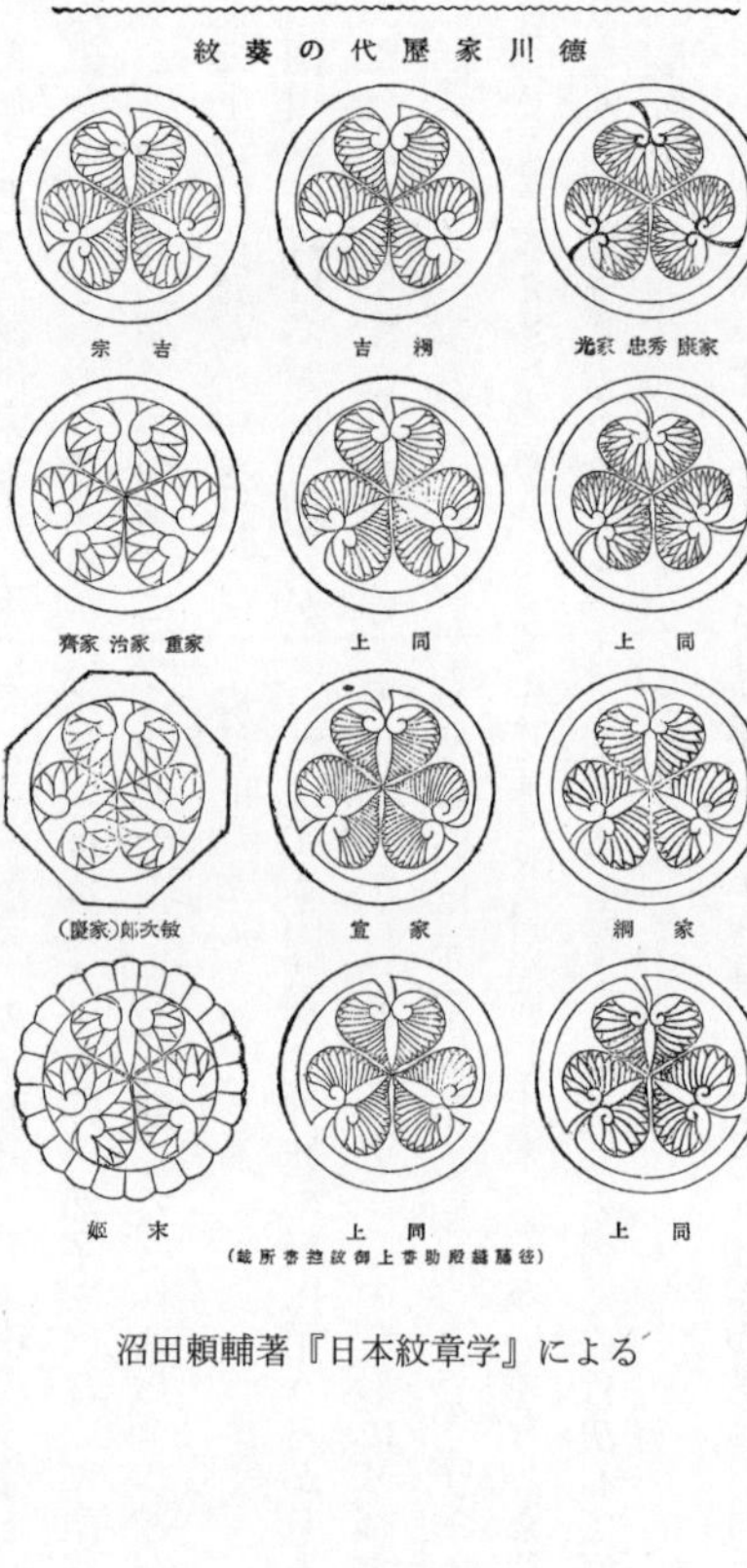


沼田頼輔著『日本紋章学』による

葵と言い学名をMalva verticillata *L.* と称し、あおい科に属する一種の植物である。直立せる多年草で、多く冬時分から葉腋に集まって花が咲き、その花体は小さく花弁は淡紅色であえて見るに足るほどなものではないが、この葵は元来その苗、その根、その子（葵子あるいは冬葵子と称する）を薬用として用いたもので『本草綱目』などに載っている。葵は揆でこの草の葉が日に向こうて傾きその根が日に照らされるのをそれで遮ってこれをおおい保護しているから、あたかもその葉に智があってこれを揆《はか》っているものと見立てて、そこでその草を葵と名づけたものだと支那の昔の学者はそう言っている。また畔田翠山の著『古名録』には、『諸経類考』を引用して「天有十日葵与之終始故葵従癸」とも書いてある。葵の語原についてはこんなわけがあるのでわが国文学上では古くひかげ草の名が称えられた。葵の別称としては露葵、滑菜、滑葵、葵菜、奇菜、藤菜、阿郁、向日葵（ひまわりにも向日葵という同名がある）の数名がある。和名はこれをふゆあおいと言い、また単にあおいと称する。すなわちこのあおいの呼称が昔からの本名で、『和名本草』（『本草類編』）には安於伊または阿布比とあり『倭名類聚鈔』には阿布比とある。また『新撰字鏡』には阿保比と出ている。そしてこれをあおいと称するのは『倭訓栞』によれば「あふひ葵をいふ倭名抄にみゆ説文に葵傾葉向日といへり仰ぐ日の義なり」と出ている。大槻文彦博士の『言海』に、「仰ぐ日の略か」と書いてあるのはこの『倭訓栞』から採ったものであろうと思う。このあおい

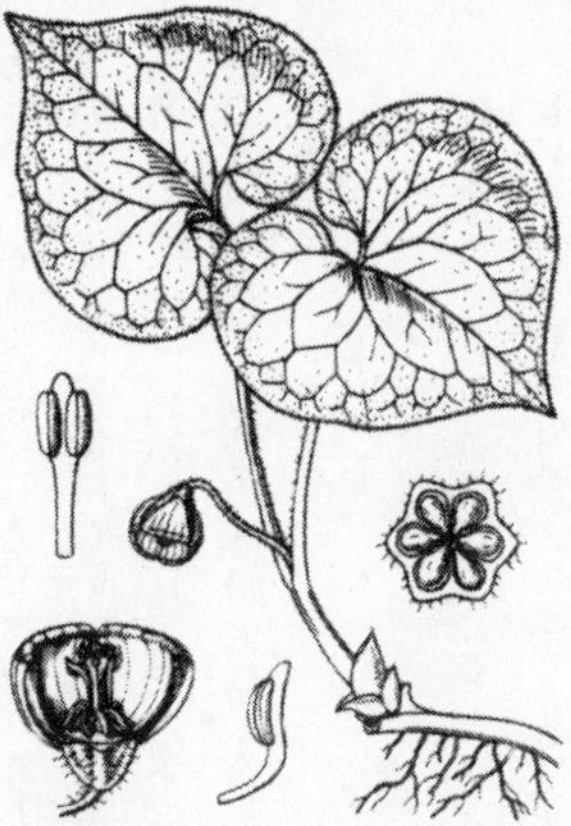

双葉細辛かもあおい一名ふたばあおい
Asarum caulescens *Maxim*.
（『日本植物図鑑』の図）

の形状は、岩崎灌園の『本草図譜』（彩色図）ならびに飯沼慾斎の『草木図説』（墨絵）に出ているから、その書について見れば解るが、貝原益軒の『大和本草』には「冬葵冬みのる葉有二小岐一五にわかる花甚小不レ足レ観ニ者是也古は菜として食す内経に五菜の一とす。後世の人不レ食レ之故ニ時珍綱目に移シテ入二湿草一ニ」と出ており、また小野蘭山の『本草綱目啓蒙』には

「葵」かんあふひ　冬あふひ　凡単に葵と称するは皆この冬葵のことなり古は食用とす五菜の一なり故に古文に菜のことを葵と書たる例もありと通雅に弁ず此草は京師に自然生なし諸州江海浜に多く生ず近年城州山城の郷に多く栽子を収て四方に貨す是冬葵子なり一たび種れば永く絶ず繁茂す葉は錦葵《ぜにあふひ》葉に似て大さ三四寸円にして五凸をなし尖らず細鋸歯あり青茎直立す高さ三五尺又紫茎なる者あり葉互生す春月葉間に花を開く大さ三四分許五弁にして多く攢簇《さんそう》す色は白して微しく淡黄紫を帯形銭葵花の如くにして至て小なり花後実を結ぶ、又銭葵子の如にして小し、花は春より冬に至るまで開謝相続ぎ寒中にも花あり冬葵の生葉を採焙り、末となし食用となし乾苔に代べし、一種葉辺びらつきて平かならざるものあり。最可なり、故に其草ををかのりと呼。

と出ている。そして李時珍の『本草綱目』には

葵菜は古人種えて常食と為したれども今は種うる者頗る鮮なし紫茎と白茎との二種

あり、白茎のものを以て勝れりと為す。大葉小花にして花は紫黄色なり、其最小なる者を鴨脚葵と名づく、其実大きさ指頂の如く皮薄くして扁実なり、内子は軽虚にして楡莢仁の如し。四五月に種うる者は子を留むべし、六七月に種うる者を秋葵と為す、八九月に種うる者を冬葵と為し、年を経て収め採る、正月に復た種うる者を春葵と為す。

とある。

あおいすなわち葵は前に述べたようにふゆあおいのことであって、蜀葵のたちあおい、錦葵のぜにあおいと縁は近いがまったく別物である。しかるに紋章学の大家沼田頼輔君の著わされた『日本紋章学』（大正十五年三月発行）には、「古来、葵の字を用ゐるも、この文字は錦葵科に属する錦葵、及牻牛児《げんのしょうこ》科に属するてんぢくあふひ等に用ゐられたるもの」とあるがこれは無遠慮に言えばちっとまずい。この場合錦葵を出すは葵の本物、あおいすなわちふゆあおいにごく近くかつ古い姉妹の品種であるから、まず大目に見ることができるとしても、てんじくあおいをここに引き合いに出すのは少しも必要のないばかりでなく、かえってここは考証という事件であるだけにそれに対してまさにこれを訂正する要がある。なんとなればこのてんじくあおいは、徳川末葉時代に外国から渡来したアフリカ原産の植物で Pelargonium 属に属し、いたずらにあおいの名を冒した縁遠き者で、葵というものの本体に対してはまったくなんの交渉ももたない圏外者であるからである。ここにその考証のためにはぜひともなくてならないあおいの本物、ふゆあおいすなわち葵を引き合いに出さねばならなかったわけだのに、沼田君がこの本物を逸しておられるのは、何ごとにも徹底的に研究せられる注意深い同君としてはけだし、いわゆる千慮の一失とでも言うべきもので、この権威ある大著に対し、かつこの著名な葵の紋に対し、まことにもの足らぬ思いがして残念しごくな次第である。すなわちここには、ただあおいすなわちふゆあおいの葵のみさえ出しておけば、じつに他のものはなんにもいらなかった。植物のことにも通じておられる沼田君が、どうしてまあそこに気が付かれなかったかが不思議である。

かもあおいを紋となし徳川氏が用いたことにつき、前記の『日本紋章学』で沼田君の述べられた御説によれば

　葵の家紋として始めて見えたるは、見聞諸家紋にありとす。同書葵紋を掲げて、丹波之西田と題せり、即ち西田氏の家紋としてこれを用ゐたりしを知るべし。戦国時代に至りて、三河の松平・本多・伊奈・島田の諸氏これを用ゐたり。徳川氏三河に入り松平氏を継ぎ、亦この紋章を用ゐたり。後、将軍職に上るに及び、是れよりこの紋章は権威を得て、殆ど菊桐の紋章を凌ぐに至りぬ。以上述べたる丹波の西田氏を始め、三河の松平・本多二氏が、如何にしてこの紋章を用ゐしかといふに、いづれも加茂神

社の信仰に本づけるものとす。………松平氏を冒せる徳川氏は、其後本姓に復するに至りしも、尚、松平氏の家紋を用ゐ、遂に将軍職に上りしかば、ここに於いて、従来葵紋を用ゐ来りし松平氏は、これを憚りて、葵、葡萄、鳩酸草等葵類似の紋章に改めたりしことは、謂はゆる廂を仮して母家を奪はれたるが如きものと云ふべし、是れより葵紋は徳川氏独占の紋章となり一同親藩の外は、決してこれを用ゐるを許さず。………葵は加茂祭に用ゐられたる霊草なるが故に、この神を信仰せる人々が、この植物を神聖視し、紋章の行はるゝ時代に至りて、これを象りて家紋を定むるは、当然の帰結にして猶天満宮を信仰するものが、梅鉢の紋を用ゐ、諏訪明神を信仰するものが梶葉の紋を用ゐるが如きものにして、謂はゆる信仰的意義に本づける紋章とす。

であるので、これによってこれをみれば、この葵のできた由来がよく分かる。

# 農家の懐ぐあいで甘藷が変わった

だれでもよく知っているさつまいも（甘藷）に、だれでもあまり気の付かぬ事がらが一つある。すなわちそのあまりに知られていない事がらとは、その種類の上についてみても、また実際の上についてみてもかなり重要なことでありながら、従来甘藷を書いたいろいろの書物にそれがそう徹底して明らかに書いてないのはどうしたものか。

日本に作られているさつまいもは、およそ明治三十五年頃を界として一大変動が起こっている。つまりその年の前後のさつまいもの品種の大転換が行なわれたのである。かくこの重大な異変がこの薯《いも》の上に起こっているにもかかわらず、それをそうはっきりと説破してある文章に出会わないのは不思議である。ゆえに世人はいたずらにこの事実を看過し、いっこうに気が付いていないようである。

元来品種の転換が行なわれたとはどうした事がらか、すなわちそれは、それまであまねく作られてあった品種が急に他の品種と置き換えられたことで、つまり新品が旧品を駆逐してその分野を占領したのである。

これを理解するにはちょっと予備知識が要る。すなわちそれは日本に作られてある甘藷に二つの大区別があることをまずあらかじめ知っておかねばならぬ。その二つとは何か、すなわちその一つはエズリス（Edulis）品種で、他の一つはバタタス（Batatas）品種である。元来この二つは一つの種すなわちスペシース（species）の中のものではあれど、わが日本の甘藷を考察するうえでは、実際この二つの品種に重点を置かねばならぬ必要がある。すなわちそれが実地に即した見方の基礎である。日本へ渡来した後今日までの甘藷を考えるには、ぜひともその点から出発しないと正鵠《せいこく》を得た説が得られない。

上に述べたようにその二つの品種の転換は、元来何に原因して起こったかと言うと、それは疑いもなく農家の経済状態がついにこの薯に影響した結果にほかならないのである。すなわち物価が騰貴し生活が困難になってきたからである。そしてこの事態がついに甘藷の品種を左右した問題をわれらに投げつけたのだ。

前文に明治三十五年頃を界として品種の転換が行なわれたと言った。すなわちこの時分から前のものがかのエズリス品種で、後のものがバタタス品種である。この前の薯のエズリス品種は味がうまいが、後のバタタス品種は味がまずい。このまずい薯が進出して普遍し、このうまい薯が影を潜めて寥々たる有様となったのは、確かに一つの変相をわれらの前に提供したといえる。

元来さつまいもは主として農民の常食品で、彼らの生命をつなぐ必需な材料である。物価が高くなり、農家の経済状態がむつかしくなってきた結果、彼らの要求するものはなるべく手数がかからずに多量の収穫があって、かつ久しく貯蔵のできる品である。この必至の状態から、あまり味の善し悪しなどの贅沢は言っておられなくなり、味は少々まずくとも収穫さえ多く、また久しく貯蔵さえできればやむを得ず、それで満足せねばならぬことに立ちいたった。つまり背に腹は代えられぬのである。九州でのある農夫は言っていた。この頃のいもは味はうまくなく、多少腹にももたれるが、従来のいもよりも今日のいもの方が収穫が多いから、それでこれを作っているのだと。

このように、その味がうまくなくても収穫の多量にあるものが勝ちを占め、大いに農民を駆ってそれが作られるようになったが、なおそれに拍車をかけたことは、エズリス品種の方に農家のひんしゅくする弱点が多かったからである。すなわちまず第一番にその収穫量が少なく、いもは冬期貯蔵中に腐りやすく、そのうえ旱天が続くと蔓が弱って生長が鈍くなるのである。ただその長所はいもの味が佳いことであるが、しかしこの一点だけではもはや農家がその栽培を続け行くことがとうていできない時世に当面していた。

従来からのさつまいも、すなわち前文にエズリス品種といったものは、さつまいもが古くわが邦に渡来してからの品で、明治三十五年頃まではわが邦一般にあまねく作られてあったものである。今からおよそ百六十年ほど前に、欧洲の植物学者のツンベルグが肥前の長崎へ来て、その辺に作ってあったこのさつまいもを見て、これを新種と考えそれへコンヴォルヴルス・エズリス（Convolvulus edulis, *Thmb.*）の学名を与えた（この名は後の学者によってイポメア・エズリス〔Ipomoea edulis〕とせられた）。同氏は無論バタタス品種を知っていたに違いないので、当時右わが邦に作られていたさつまいもがそのバタタス品種とは異なった品であると同氏の眼には映じたわけだ。じつにこのエズリス品種をバタタス品種と見くらぶれば、容易に両者の区別ができるのである。

　しからば右のエズリス品種に代わって、明治三十五年頃以来今日一般に日本を支配しているいもはなんであるかと言うと、それはバタタス品種である。これはイポメア・バタタス（Ipomoea Batatas, *Lam.*）という学名のもので、英語では俗にスウィート・ポテート（Sweet potato）と呼んでいる。

　この種はもと熱帯アメリカの産であるが、今日では最も広く世界の各地に拡まっている品である。そしてこの品も少々は古くから日本へ来ていた。たぶん往時このバタタス品種もエズリス品種も、共に同時頃に入ってきたものであろう。しかるにバタタス品種の方は、薯の味が一方へ比べるとうまくないもんであるから、あまり人々がこれを顧みなかったのであろう。そして一般には味の佳いエズリス品種を作るようになったと信じ得られる。経済のゆったりした前日の時代ではそれでも済んでいたのだが、今日のように緊迫した世相となってはそれではとても行かなくなってきた。その弱点へつけ込んで一瞬間に国内の畑地を占領したのが収穫の多いバタタス品種の全盛時代で、これは今後も無論永く続くのであろう。

じつ言うと前のエズリス品種は元来はバタタス品種の一変種（私はかつてその学名を**Ipomoea Batatas**, ***Lam.*** var. edulis. ***Makino.*** と定めた）であるが、これをバタタス品種に比ぶれば自ずから相異なっている点があるので、そこで前に記したツンベルグもそこに眼をつけてその品種について云々したものである。

世界的に広く眼を放って見れば、右のエズリス品種はこれをバタタス品種に比ぶれば、量が少なくてかつわりあいに稀なものではないかと想像する。西洋の書物に出ているこの植物の図は私の見たものはことごとくみなバタタス品種で、エズリスの図はまだ一つも見たことがない（ただし日本の書物には出ている）。

上に記したように、今日の日本ではバタタス品種が一般に拡まって幅を利かしている一方、前日の時代に優勢であったエズリス品種は凋落の運命を辿り、栄枯盛衰まったく地を換えた現状であるが、しかしそれでもまったく尽き果ててしまったではなく、細々ながらも余喘《よせん》を保って残煙をあげているのはわれら植物界の人にとってはとても嬉しいことなので、それについては奥様、お嬢様、女学生様、お女中様方々に篤き感謝の意を表せねばならないのである。それはそれ、皆様方の御好物な焼いもが現代に現存しているので、そのおかげでこのエズリス品種のいもが幸いにも、例せば、川越などで作られいわゆる川越いもの名のもとに市場に売られているので、まずまず当分はいよいよという寂滅の断末魔もそう早急には廻って来まいから、われらはほっと安堵の胸をなでおろしている次第だ。

　味の佳いエズリス品種の薯は、切って肉の色が白黄できめが粗く、蒸すといわゆるくりいもとなるが、バタタス品種の方は、切って肉の色が白くきめが細やかで、蒸すと多くは通常いわゆる水いもとなる。皮の色は両方ともいろいろあってこの皮色のみではあまり両品の区別とはならぬ。

　畑に臨んでその生えているのを見ると、エズリス品種は、茎がより太く新葉とともに紫色を帯ぶることが多く、それゆえその畑を見渡すときは紫色を呈している。葉は丸い心臓形で葉縁に耳裂片が稀にあるのみである。

　バタタス品種は茎が細長く、新葉とともに通常は色が淡く緑色が勝っている。葉縁には耳裂片があり、ときとしてはその葉がモミジの葉のように分裂しているものもある。

　右の両品ともその花は同じで、ちょうど朝顔の花を小さくした形で淡紅紫色を呈している。台湾、琉球などの暖地ではひんぴんとして花が咲き実も生るが、内地ではまことに稀に花が咲くにすぎないゆえに、花咲けば人々がこれを珍しがる。もし人工で花を咲かしたいならば、三枚くらいの葉を付けておいてその茎の両端を切り、その上部を下にし逆さまに地面へ挿して植えておけば花が出ると聞いたことがある。

ところによるとその葉柄を煮て味を付け食用にする。葉は蔓とともに捨て去るものゆえ、それが食品になるとすると一つの蔬菜がふえて好都合である。いわゆる廃物利用である。われわれは平素このようなことに目を付くるのはまことにたいせつなことと信ずる。

市場に早く出るいもはバタタス品種で、これは作りようによって早くいもを着けさすことができる。ここに別に早作りの一法がある。それは夏はじめに薯塊から蔓を発出させ、この蔓を薯塊から切り取らずにそのまま薯塊とともに地に植えておけば、新いもがふつうより二十日ばかり早く生ずるとのことである。

さつまいもという名は今日ふつうの称呼となっていて、どんな品種でもその総名はこれで通っている。いわゆる一つの通称となっているのである。しかし旧来からの方言、例えばカライモなどの名がある所では無論それで呼んでいる。われら植物学の方面では、かのバタタス品種とエズリス品種を分かって呼ばねばならぬ必要から、エズリス品種をさつまいもと称え、バタタス品種をアメリカイモと言っている。徳川時代でのことはさておき、明治維新以来日本においてのエズリス、バタタスの両品種を略叙すれば、まずざっとかくのごときものである。吾人今その変遷の跡をたずねてみれば、その間また多少の感興なくんばあらずである。

# 大槻博士著『大言海』のいんげんまめ

大旱の雲霓《うんげい》を望むがごとくに憧がれていた文学博士大槻文彦先生の大著『大言海』の初巻が発行になったのでさっそくに購い、取る手遅しとこれを繙き閲覧してゆくうちに、今日ふつうに東京辺で言ういんげんまめを本条いんげんささげとなし、その解説として左のごとく書いてあるのが目に付いた。私はこれについて少々云々したくなったので、まずその全文を左に転載する。すなわち

いんげん—ささげ（名）隠元豇（明の僧、隠元、承応三年帰化し、始めて齎《もたら》せりと云ふ）豆類。苗も葉も、ふぢまめに似て、細小なり、葉の間に、白、紅、紫等の花を開く、ふぢまめより早く莢《さや》を結ぶ、形、扁く、長さ四五寸、未熟なるは、莢と共に煮て食ふ、さやいんげんと云ふ。豆は、そらまめより小さく、白くして光る、変種なるは種々の色あり、一年に再三熟す、又、いんげんまめ。いんぎんまめ。共に東京の称。一名、たうさゝげ。ぎんさゝげ。えどふらう。かまさゝげ。

である。そしてこれは初版の『言海』もほぼ同文であって、それが今回の『大言海』になってもなんらその間に新味が加わっていない。この大槻先生の文は、小野蘭山の『本草綱目啓蒙』を土台として書いたものであることは左の『啓蒙』の文を一瞥すればすぐ分かる。すなわち今参照の資にこれを左に抄出してみよう。

又一種とうさゝげと呼あり一名いんげんまめ江戸信濃まめ伊州五月さゝげ和州甲州ふらう讃州江戸さゝげ播州江戸ふらう予州銀ふらう、ふらう、まごまめ、にどふらう倶ニ同上にどなり勢州三度さゝげ阿州ちやうせんさゝげ肥州なたさゝげ奥州かまさゝげ丹波八升まめ江州かぢはらさゝげ、ぎんさゝげ越前仙台さゝげ下総漢名菜豆盛京通志これは苗葉扁豆に似て早く莢を結ぶ形扁くして長さ三四寸未だ熟せざるときは皮を連て煮食ふ熟する者は、その豆蚕豆より小にして光沢あり、白紅黒十数色あり其早く熟する者を栽て再三豆を生ずべし故に二度ふらう三度さゝげの名あり。

『啓蒙』の文は上のごとくであるが、この豆は今日東京を中心としてふつうに人々の称えおるいんげんまめである。その学名は Phaseolus vulgaris *L.* で、その原産地はけだしアメリカ方面であろうといわれているが、今日では広く世界の各地に拡まってその莢と豆とが日常の食物となっている。

わが邦へはたぶん今からおよそ二百三十年前後に入り来たったものであろうと思われる

第一図　五月ささげ（誤称のいんげんまめ）菜豆
(Phaseolus vulgaris *L.*)

ことは、同じく二百二十四年前の寛永五年にできた（出版はその翌年である）貝原益軒の『大和本草』にある「近年異国より来る」（その全文は下に見える）という文句を見てもうなずかれる。その後安政三年出版の飯沼慾斎著『草木図説』には「五月さゝげ、たうさゝげ、菜豆」としてその図説が掲げてある（明治八年版の新訂本にいたって始めていんげんまめの名が新たに田中芳男、小野職愨《もとよし》両氏によって補入せられた）。

今日小学校、中学校、師範学校、農学校、女学校等の教科書または植物学書に、いんげんまめと書きあるいは図示してあるものはみなこの種で、ふつうの学者のほとんどだれでも、これよりほかにはいんげんまめというもののあることにいっこう気が付かないようだ。そこで彼らはいんげんまめという名は絶対的のものであると思っていはせぬかと思われる。その豆の皮色には種々あって、なかんずく茶色斑のものをうずらまめ（大豆の一品にもうずらまめというものがある）と称する。私の少年時代、私の郷里土佐高岡郡佐川町では、ただその豆の紫黒色のもの一種のみあって、これを銀ぶろうと呼んでいたことを覚えている。それは嫩き莢は食わずに、ひとりその豆のみを煮食していた。右のいんげんまめの漢名であると蘭山がいっておる菜豆は、そこに転載した『本草綱目啓蒙』が引用しておるように『盛京通志』に出ていてその巻の二十七、物産、穀の属の中に「菜豆如篇豆而狭長可為蔬」と書いてある。

このいんげんまめの称はじつは一つの冒称であって、この豆をかく呼ぶのは確かに不純な称であることを私は断言するに躊躇しない。この称えは、たぶん往時江戸（今の東京）を中心として出発し、四方に拡がったものではないかと思われる。されば『本草綱目啓蒙』にもいんげんまめの名下に江戸と註し、当時はそれが江戸の称呼であったことを証拠立てしているのはすこぶる興味がある。されどこの名称がこの豆へ対して下されたのは前述のとおりまさに不純であることはその間に争えない事実が存しているのを知れば自ずから氷釈せらるる（後条参照）。関東では爾来その不純な冒称すなわち贋造の名が拡がって、ついに今日のような該名万能の結果を招来馴致して四方を風靡し、多くの学者を盲目にしているのである。かえりみて今から二百二十年前頃には、まだ一般にはひろくこの豆をいんげんまめとはいわなかったことは、正徳二年に編成せられた寺島良安の『倭漢三才図会』のこの品についての記載文を見れば、この称えが挙げてないからその辺合点が行くだろう。すなわちその原文を直訳すれば「唐豇豆一名朝鮮豇豆莢の長さ三四寸幅五分ばかりの扁豆の莢に似て曲がらず、六月の初めにこれを出し、豇豆未だ出ざる時煑て食いもって珍となす。しかれどもかすかに青臭の気あって美ならず」と言う。しかしこの『倭漢三才図会』より四年ほど前に出た貝原益軒の『大和本草』には「隠元豆、豇豆の類なり漢名未詳近年異国より来る又梶原さゝげと云皆鄙俗の名づくる所なり葉は赤小豆に似て蔓生ず莢は大豆より長く豇豆より短く厚し五月に早くみのる又栽れば一年に二度みのる菜として煑食する事豇豆に同じ子の色白く粉をぬるが如し京都にては眉児豆（牧野いう、**Dolichos Lablab** *L.* を指す）を隠元豆と云与此別也」と書いてあるから、世間の一部では既にいんげんまめともいっていたことが想像せらるる。とにかくこの時分にはこの豆はそうふつうではなく、むしろ珍しかったであろう。

上のいんげんまめ（**Phaseolus vulgaris** *L.*）は、前に述べたように例え今日その称呼が拡がって、あたかも通名のようになっているとは言え、このいんげんまめは、かの隠元禅師とはなんらの関係もない豆であるということを知っておかねばならない。それを上の『大言海』（三省堂の『日本百科大辞典』なども同様）に禅師に関係があるとし、本文の始めに引用してあるように「明の僧、隠元、承応三年帰化し、始めて齎せりと云ふ」と書いてあるのは、この豆に対しいわゆる認識不足で、種々百般の事がらについてあたかも裁判官の役目を務むる辞典、ことに碩学のきこえあるその著者が、幾十年かにわたる各条の推《すい》敲《こう》に推敲を重ねたこの『大言海』の中身に、こんな分かりきった事実の疎漏《そろう》があるとはまことに意外の感に打たるる。なおその他にも、特に草木のことについてはすべからく訂正修補を施すべきもの数ヶ所（例えばあずさ、あまづらなどの）あるを見受けるのは、それはほんの大海の一粟のようなものではあれど、その挙げられてある事項がそう軽い事がらのものでもないとすれば、それはあたかも爛々たる太陽面に黒点を印し、皓々たる白堊《はくあ》上に春泥を留むると一般憾《うら》みてもなおあまりがある。

著者大槻先生は一面にいちょう（鴨脚、支那音やちゃお）の件のごとく、きわめて斬新《ざんしん》な発見事実を高唱せられているかと思えば、他の一面には、既に陳腐に帰したたわいもない旧説（草木に関して）をのべられ、あえて世人の蒙を啓《ひら》くべき新訂説をその間に窺うことのできぬ点もあるのは、まことに本辞典をStandardの価値あるものとして渇仰し、崇拝し、かつ謳歌する吾人一般の不幸である。おもうに、学は古今にわたり識は内外を傾けられし碩学大槻先生の、全精力を傾倒し尽されし最新の著述でさえこの欠陥があるのを見れば、今日駆け出しの白面学者が、百科辞典のごとき重大な書物にあえてわが力量をはからず、臆面もなく相競うてその浅薄な筆を弄し得々たることは、まことにひんしゅくを禁じ得ない。

要するにこの『大言海』は、少なくともその草木の部においては前述のごとく、確かにいま一度の再校訂を必要とすることは論をまたぬ。とにかく今回の『大言海』には、ある事がらについては大槻先生逝去の前、とく既に正確なる新事実が明らかとなっていたにもかかわらず、なお依然として陳腐な旧説が雑居していることは事実で、これは本辞典の権威に対してもまことに残念しごくである。したがってこの辞典を繙く者は、一から十まで割引きなしにその記事を標準視して、これを鵜呑みにするわけにはゆかない結果となるから、使用者はその心してこれをみる必要が大いにある。まことに世間を憚らぬ僭越な申し分ではあるが、私は今にして思えば、たとえ大槻先生には一度の拝顔を得ていない間がらであったとしても、その草木の事がらに関しては同先生の在られし日に、押してもこれらを先生に申し上げていささかでも参考の資に供え得なかったことを、この宝典のためつくづく残念に思うのである。今は詮なし、もはや先生を逐うべき術なきをひたすら歎くのほかはない。

明の僧で、黄檗山万福寺を山城宇治に草創し、日本黄檗宗の開祖となった支那の黄檗山の隠元禅師が、今をへだたる二百七十八年前の承応三年（一六五四）に帰化した時、始めてわが日本にもたらしたと称せらるるいんげんまめ（隠元豆）は、上に述べたように Phaseolus vulgaris *L.* のいんげんまめではないとすれば、それならそれはどんな豆であったか、次にそれについて明らかにこれを述べてみよう。

この隠元禅師と関係のあるといわるる豆は、すなわち古くから称え来たったいんげんまめ、すなわち隠元豆で、この称呼はなお関西方面の諸州で現に呼ばれているものである。すなわちここに掲ぐる図の品がそれで、その学名は Dolichos Lablab *L.* である。これは、もとはたぶん旧世界の熱帯地の産であろうとのことであるが、今は広く世界の各地で栽培せられている。種名の Lablab は、アフリカ洲エジプトの土言だと称せらるる。このいんげんまめの支那に入ったのはすこぶる古代に属する。したがって同国の古い書物にはよくこれが藊豆（李時珍がいうには、藊はもと扁に作ったもので、それはその莢の形が扁《ひら》たいからであると）の名で出ており「人家種之於籬援其莢蒸食甚美」、「此北人名鵲豆以其黒而白間故也」、「今処処有之人家多種於籬援間蔓延而上大葉細花花有紫白二色莢生花下其実亦有黒白二種白者温而黒者小冷入薬当用白者」ならびに時珍の曰く「扁

第二図　いんげんまめ一名ふじまめ、古名あじまめ　藊豆　鵲豆
(Dolichos Lablab *L.*)

豆二月下種蔓生延纏葉大如盃団而有尖其花状如小蛾有翅尾形其莢凡十余様或長或団或如竜爪虎爪或如猪耳刀鎌種種不同皆纍纍《るいるい》成枝白露後実更繁衍嫩時可充蔬食茶料老則收子煑食子有黒白赤斑四色一種莢硬不堪食惟豆子粗円而色白者可入薬本草不分別亦欠文也」などと解説がしてある。

　この豆を前述のごとく承応三年に隠元禅師がもたらしたとすれば、それは今をへだたる二百七十八年前にわが邦に伝わったこととなる。すなわち後光明帝の末年に際し、徳川四代将軍家綱の時代で、西暦千六百五十四年に当たっておる。この豆はこの年を出発点〔尤もその前遠く王朝時代（奈良朝、平安朝時代の総称）に既に渡っていたとの説もある〕としてわが邦に拡まり今日におよんでいる歴史をもったもので、これをかの菜豆のいわゆるいんげんまめ（いんげんささげ）の伝来に比ぶればずっと古い。ゆえに菜豆のいんげんまめは、真正の隠元豆へ対しては新豆で、伝来歴史の上からみれば一方ほど幅が利かずまた顔色のない品である。

　右の本来のいんげんまめ（隠元豆）は、支那の従来の説では多くは、その白花白豆のものが藊豆（白扁豆も同じ）で紫花黒豆のものが鵲豆となっている。しかるに小野蘭山は上に抄出した時珍（『本草綱目』）の説くところにしたがってその著『本草綱目啓蒙』に次のごとく述べている。

藊豆　あぢまめ和名鈔、とうまめ土州、かきまめ予州、ひらまめ

鵲豆　いんげんまめ、かきまめ雲州、つばくらまめ遠州、かんまめ同上、なんきんまめ筑前、ふぢまめ江戸、八升まめ勢州、さいまめ上総、せんごくまめ勢州白子、いんげんさゝげ佐州、とうまめ城州黄蘗

鵲豆は春種を下し藤蔓《つる》甚長し葉は葛葉に似て小さく毛なし花に紫白の別あり後扁莢を結ぶ未だ熟せざるとき莢を併て煮食ふ熟すれば、豆円扁黒褐色或は茶褐色にして旁に白眉〔牧野いう、すなわち臍で hilum を指す〕あり、白花の者は色潔白にして小黒点あり、薬用の白藊豆は苗葉の形状鵲豆に異ならず只莢闊く内に硬殻ありて未熟の者も煮食ふに堪ず、豆は白き鵲豆に比すれば微黄を帯て黄大豆の色の如く黒点なし。

かく蘭山は右のように、白花硬殻莢白豆のものを薬用品として、ふつうの白花白豆ならびに紫花黒豆のものを食用品として分かっていれども、しかしこれはただ同種中の少差異でともに Dolichos Lablab *L.* の一品に属し、さほどやかましく言説するほどのものではない。そしてこの蘭山の挙げた薬用品のものは今世間にあるか否か、恐らく今日は見られない品ではないかとも思われる。なんとなれば、今諸州に作っているものはみなその莢を食用とするのを目的としているからであるのと、かつは漢方医法が久しくすたれて、したがって漢薬としてのその需用がないのとで、人がそれを栽培せぬからである。しかし田中芳

男、小野職愨両氏同撰の『有用植物図説』（明治二十四年発行）には、ひらまめ一名あじまめの藊豆に「鵲豆と同種にして扁大なる嫩莢を煮食するのみならず其子粒に白色、淡茶色、紫黒色等あり、共に煮食して脆美《ぜいび》なり」の解説を付して、その莢も豆も食うて美味なことがうたってあって、蘭山の言うところと一致していない。よって想うに、この種にはいろいろの変り品があるから、あるいは名は同一となっていても甲乙両者の指す実物は違っているかも知れないと思う。これはただ一種中に行なわれる相互の小異ゆえ、その辺の混雑は必然的に有り得べきであろう。

　この種に対しての今日の植物学者の通用する和名はふじまめである。これはその花が紫色で、ふじの花に似ているとの見立てからの名である。しかしその隠元禅師と連繫せる歴史を帯びたいんげんまめ（隠元豆）の名は、今日でもなお死語とは化せずに生きていて、既に上に記したように関西の諸地では現にこれをいんげんまめあるいはいんげんと呼んでいる所があるから、私は本種の正名としてはこの名をその正位に直し、ふじまめをその副名とし、あじまめをその最古名とし、僭称者の菜豆のいんげんまめ（Phaseolus vulgaris *L.*）をごがつささげ（五月ささげ）とすればいいと思っているが、しかし今日これほどまでに瀰漫《びまん》せるそのいんげんまめ（菜豆の方）の名称を平らげることはとてもできかねるので、この点は名称学者の頭痛の種である。しかしそう理想どおりには改名ができぬとしても、誰でもこの両種すなわち Dolichos Lablab *L.* と Phaseolus vulgaris *L.* との和名のいきさつくらいは充分明らかに呑み込んでおき、かの『大言海』や『日本百科大辞典』などのごときへまをやらぬよう用心するのが確かにたいせつなことだと信ずる。

　このいんげんまめすなわちふじまめの莢は、短く平たく長さおよそ二寸、幅およそ四分ばかり、数莢が梗上にならび付き横に向こうている。その豆には太くて長き臍がある。この種は関東地方よりは関西方面に多く作られている。

　今から二百六十六年前の寛文六年に出版になった中村惕斎《てきさい》の『訓蒙図彙』に、この種に対してのわが邦始めての図が出ており、あぢまめ、一名かきまめの名が署してある。くだってこれから四十四年を経、今から二百二十年前の正徳二年にできた寺島良安著の『倭漢三才図会』巻の百四、菽豆類に藊豆と白扁豆との図説がある。

> 藊《いんげん》豆《まめ》　和名　阿知万女、俗名　隠元豆
>
> 按ずるに藊豆は本朝古《いにし》えより有りて甚だ用いられず、承応中黄蘗の隠元禅師来朝以後処々に多く之を植う。其葉紫豇豆《じうはちささげ》の葉より大きく嫩葉を煮て食う。六月に花開く紫白相交わり藤花に似て短く上に向かう。其長さ四五寸毎弁頗る蛾状の如し、其莢長さ二三寸嫩き時煮て食う。軟にして甘美老《ひね》ては則ち硬く食うに堪えず豆を収て種と為す。栗色の如く或いは黒色にして耑耳《はしみみ》の処正白にして大きさ黒大豆の如く団く炒り煮

ると雖《いえど》も食う可からず。

一種葉花同じくして莢に微毛〔牧野いう、けだし糙渋《そうじゅう》の事をいったものであろう〕あり、硬くして食う可からず。俗名加木末女。是れ乃ち藊豆の種類なり。人種えずと雖も自ら変じて成るも亦有り。

白扁豆《はくへんず》

按ずるに白扁豆はすなわち藊豆の白く扁たき者なり。花の色亦白し。日向より出る者良し山州摂州の者之に次ぐ。皆唐薬より勝れり。

右『倭漢三才図会』もまた白扁豆を隠元豆の一品として扱っているが、往時は薬用品としして特にこんな品を作っておったものと想像せらるる。

上に縷述《るじゅつ》した拙文を幸いにも読んで下されしお方は、これで真正の隠元豆（古名あじまめ）と贋の隠元豆（五月ささげ）との区別がはっきりと分かられたことと信ずる。私らはこんなことはもはやとっくの昔に知りぬいていた黴の生えた事実ですけれど、意外にも今日「トップ」を切った『大言海』の叙述に驚かされ、止むに止まれぬ学びの魂から、ついかく長談義をおっぱじめたわけです。どうも御退屈さま。

隠元禅師、地の底で菜豆《いんげんまめ》の娑婆からの「ラジオ」を聞いて、承知ができんぞとその冒称の非を鳴らし、頭に湯気を立て衣をまくりてわめているところ

いんげんがにせいんげんのなをきいて
　いんげいんげとまめなおたけび

〔註にいう〕いんげは土佐でいう否定の言葉で、いいえそうではないなどといういいえと同じことです。

## 追記

私は辞典学者に対して、決して植物学者のようになれと責むるでは無論ないが、しかし辞典中にその項目がありありと列挙してある以上は、たとえその解釈は簡単でも、その事実は正確で間違いのないものであらねばならぬと考える。また同学者に対し、そこにないものをあれと責めるのではなく、既にあるものはこれを正確にせよと要求するので、これは決して無理ならぬ使用者からの注文とだれもが承知することであろう。

ついでに上に述べ来たった両豆渡来の前後が解るように、左のように記してみた。これでみればその委細がよく呑み込めるであろう。

王朝時代
渡来？

隠元禅師
招来
（二百七十八年前）

（正）
いんげんまめ（ふじまめ、あじまめ）〔Dolichos Lablab *L.*〕

初渡来
（約二百三十年前）

（偽）
いんげんまめ（五月ささげ）〔Phaseolus vulgaris *L.*〕

今　日

## シーボルトは世人が思うほどな植物の大学者ではない

フイリップ・フランツ・フォン・シーボルト Philipp Franz von Siebold 氏はドイツ国バヴァリアのウルツブルヒの人で、西暦一千七百九十六年二月十七日に生まれ同一千八百六十六年十月十八日に同市で死去した。同氏はオランダの医官となってわが邦に来たった人で、わが邦の文物を西洋に紹介せしことについて、まことに大功のある有名な学者であることはつとに世人の熟知するところである。しかるに世間では、氏をたいへんな植物学者のように誤解しておる人が少なくない。これは主として、かの同氏とツッカリニー J. G. Zuccarini 氏との合著となっている、「フロラ・ヤポニカ」Flora Japonica なる『日本植物志』の大なる書物があるからである。しかしこの書物は、ただシーボルト氏がその材料をわが日本にあつめてこれを欧洲に廻し、その命名記載の植物学的の仕事は、もっぱら同著者となっているツッカリニー氏がかの土においてなしたるにすぎないので、これを全然シーボルト氏が仕事をしたように思っているのは、それは世人がその仕事をした真相を知らないからである。医学博士呉秀三氏の著わせる『シーボルト』と題せる書（明治二十九年一月発行）に、「シーボルトが日本植物に関する著述中ツッカリニー氏との合著なる『日本植物』（編者曰く即ちFlora Japonica）を最とし当時の植物学上の一大著述にして我邦に産する植物を検査して数多の新種を発見し之に羅丁《ラテン》名を附し之が解剖上の特徴を記し精緻なる図画を加へて出版したるものなり。されば今日に至るまで本邦普通の植物にしてシーボルト、ツッカリニー二氏の命名記号Sieb. et Zucc.を学名（羅丁名）の末に附するもの多く又後人がシーボルトを敬慕するが為にSieboldii, Sieboldiana, Sieboldianum等の種名を附せし植物少なからず。蓋しシーボルト已前にケンペル、トウーンベルグ諸氏の日本植物を研究したるものあれどもシーボルトに至りて益多く其種類を攷定《こうてい》したり。其よりの後ミックエル氏の如きフランシエサバチエーの両氏の如き近年に至りてはマキシモウイク氏の如き人々大に我邦の植物の検究に力を尽したりと雖どもシーボルトが数十年の前に既に数多の種類を考定したるの功甚多しとするに足れり」と記して、シーボルト氏が大いに植物の命名考定等につき自ら仕事したように書いてあれども、事実は決してそうではない。すなわち前に既に述べたように、当時主としてその植物検定の労をとりしはツッカリニー氏であって、シーボルト氏はもっぱらその材料供給者の位置に立っておったのである。たとえ植物名の終りの命名者がSieb. et Zucc.すなわちシーボルトならびにツッカリニーとなっておっても、ここのシーボルトはただ名誉に与えられたものにすぎない。それはちょうど ***Franch. et Sav.***(フランシェならびにサヴァチェ)のサヴァチェ氏の名が、名誉のためにフランシェ氏とともに併記せられてあると同格である。

シーボルト氏が始めてわが日本へ来日したのは、今より九十五年前の文政六年(西暦一千八百二十三年)であった。同九年に氏は江戸に来た。この時彼の齢はなお若くてちょうど三十一歳であった。この江戸へ来た時に、江戸で有志の士が盆栽にした植物ならびに鉱物虫類等を陳列して、これをシーボルト氏にみせ親しく鑑定をして貰ったことがある。この鑑定書(洋紙へ欧字で書いた)の和字に書き代えたものを、かの『本草図譜』の著者なる灌園岩崎常正が臨写しておいたものがこの下に掲げた鑑定記事である。これを見ると、当時同氏のわが邦植物に対する知識はまことに浅薄であったことが看取せらるる。しかしそれは同氏にとっては尤もの次第ともいえる。これは誰でも西洋から一足飛びに千万里を隔てた東洋の別天地に来て、この異境の草木に対すれば恐らくみなこのごとくであろうと思う。それはそれとして、同氏はその後幾年わが邦に逗《とど》まりしにより、無論わが邦植物に対する知識が歳月の進むに従い次第に増進していったには相違ないと思うが、しかしかの『日本植物志』の大著は前述のごとく、自分で植物学的の仕事をしたのではなく、それは主としてツツカリニー氏が担当したものであるから、ただ漫然とこの書に基づきシーボルト氏を非常な植物学者のように思うのはもとより誤りである。またシーボルト氏自身で著わした日本植物の小冊子があるが、これで見ても同氏のわが邦植物に対する知識は決して深奥なものではなく、むしろ浅薄なものである。

# 解説

塚谷裕一

牧野富太郎は御存知の通り、日本の植物の戸籍調べに多大な貢献をした人物である。命名者名がMakinoとなっている植物の学名は膨大な数に及ぶ。その広範な知識を背景に、こんなにも面白い植物になぜみんな興味を持たないのだろう、という動機からさまざまな話を語ってみせたのが、昭和十一年、七十四歳の頃に出したこの随筆集である。実のところ、牧野は金遣いが荒い上に子だくさんでもあり、いつも家計は火の車だったので、文章を書いて稼がなくてはならない事情もあった。

本書を今日読んで意外なことの一つは、手加減のなさだろうか。「日本産のつつじ並びにしゃくなげの類」の項などその典型で、植物の分類形質について延々と、専門家向けかのような記述が続いている。当時の読者層はこういうものも熱心に読んでいたのだろうか。だとすると今日の一般向けの本は、ちょっと手加減をし過ぎなのかなと、逆の心配さえしてしまうほどだ。

手加減のなさは、辞典その他での誤りに対する批判にも見られる。今日ではこの手の話は、できるだけ穏当に書くものだが、牧野は歯に衣着せず間違いを追及する。「日本画家のもみじ葉と実際のもみじ葉」におけるモミジの葉脈と柄の位置関係に関する話などは、中でも面白い例である。子どもの頃、花札の絵柄のモミジの葉がなんだか変だなと感じていた記憶を思い出して懐かしかった。

専門とする学名の訂正についても牧野はいろいろ記しているが、こういったものは訂正に訂正を重ねるものだけに、その後どうなったか、読者は気にされることだろう。分類学はその後ＤＮＡ情報を取り入れてさまざまな変革を経たため、たとえば科のレベルの分類は大きく変化している。しかし種のレベルの分類は、牧野の慧眼はかなりあたっていたようで、本書で触れられている種類についてはその後の修正をさほど受けていない。例えば「新種と考え」た背景が語られる「つがざくら」の学名は、今も正名として生きている。

一方で意外なのが、本州あたりでもまだ植物が踏査しつくされていなかったことだ。たとえば「日本のむぎらん属植物」の節では、「わが日本では今日のところただ下の二種のみ」として、わずかムギランとマメヅタラン（本文表題はまめらん）があげられているだけである。明治二十四年に牧野自身が別属で命名記載後、明治四十三年に同属とするミヤマムギランなど、今では蘭愛好家なら誰でも知っている種類が言及されていない。また「稀有珍奇なる二種の蘭科植物」で「予の知るところでは吾人の手に一つの標品もこれなく、また明治維新以後その実物を親しく見たものもない」「四十余年いまだだれもこれを採集せしものなきは、まことに斯学会の恨事といわねばならぬ」とまで語られるムカゴサイシンとホテイラン。これらもまた今日、蘭愛好家なら見たことのある者が多いだろう。まさに現在進行形で日本の植物の戸籍調べが進んでいたわけだ。ちなみに後者については本文で学名が議論されているが、今日では牧野が後にさらに組み替えた *Calypso bulbosa* (L.) Oakes var. speciosa (Schltr.) Makino が使われている。

　また牧野も迷ったのかなと思われる軌跡も本書では見ることができる。たとえばアジサイ。牧野は「支那渡来の梅と菊」の節では、中国あるいは朝鮮半島から渡来して日本で品種改良が進み、「わが邦のもののようになり、その美を世界に誇りおる植物」の例として「ぼたん、しゃくやく、はす、あじさい、かいどう、あさがお、せきちく、はくもくれん、きく」をあげ、アジサイも渡来品に含めている。しかし別項ではそのタイトルも「あじさいは日本出の花」とあるように、いろいろな文献を示して「けだしがくあじさいを親として生まれたものではないか」と考えを改めている。この時代に見解が変わった証左として面白い。

　本書では、牧野の語り口は統一されておらず、時としてリアルな息遣いを感じる場面もあちこちにある。福寿草の話をしたあと、同じ属の他の種類に話を展開したかと思ったら、最後に突然、科こそ同じだがまるきり属が違う「ゆきおこし」に話が飛んで終わる辺りなどは、読者はなにか翻弄されたような気持ちがすることだろう。福寿草で話をし始めたら、興が乗って話が止まらず、聴衆をそっちのけで植物の世界に遊びはじめた牧野先生である。

なお、分類学とは別分野の生理学に関しては、当時まだ知見が乏しかったようだ。牧野は「稀有植物の一なるいとざきずいせん」の項でいわゆる日本水仙に言及し「いかなる理由か知らぬが、ちょうど同科のひがんばな、すなわちまんじゅしゃげにおけるがごとく、花後に一つも果実を結ばぬ」と語る。これは今では広く知られているように、どちらも日本に入っている系統が三倍体で、本当は母方から一対と父方から一対の、計二対の染色体セットを持つべきところ、余計にもう一対持っているために、花粉や卵を作るときに対を半々に分けられず、そのせいで実を作れないのである。当時はそれに気づいていなかったというのがむしろ新鮮だ。

ヒマワリの話もその一つ。「ひまわり日に廻らず」の項では、「日に向こうてその花が廻るということはまったくよい加減な想像で、そんな事実は決してない」と断言している。そうして蕾のときは「少しは日に向こうて傾くよう」だとの観察も紹介しつつも「すこぶる軽微な現象であろう」と一蹴している。ただ、これは牧野が間違いで、ここに牧野が書いたとおり「嘘と思わば、天気の好い日に花の傍で一日立ちつくしてその花を見つめていればすぐ分かる」。のちに植物生理学で名を成した柴岡弘郎・大阪大学名誉教授が子どもの頃やったのが、まさにそれだった。柴岡少年がまじめに観察した結果、ヒマワリはまさに蕾のときは回転していることが確かめられたのである（柴岡著『キミ見てみんか　この素晴らしき植物の世界』学会出版センター）。ちょっと牧野は頑固なところもあったのかなと窺わせるエピソードだ。

植物生理学についてはしかし、牧野も至極興味はあったようだ。「だれかやってみないか」と題する項で牧野が勧めているのが「Teratology」。「わが邦に植物の畸形学（Teratology）の学者がひとりもないのは、単にもの足りないばかりでなく斯学進歩の上から見ても、はなはだ遺憾のいたりに堪えない」という。実は私の専門は、このTeratologyの延長にあるような領域である。突然変異で生まれた形の異常を調べ、あるいは自然界で進化した特異な形態の背景を調べる。発生遺伝学あるいは発生進化学という分野だ。牧野の言う通り、「いたずらに机に対して坐ってばかりおりあまり野外に出向かぬ者では、とてもその選にあたらない」が、「その領分に入って見たならば、とても面白い」分野である。実は今日の日本の植物学界は、この発生遺伝学や進化発生学が隆盛である。日本の植物学の今の活況には、牧野も喜んでいることだろう。

（つかや　ひろかず／東京大学大学院理学系研究科教授）

『随筆草木志』　一九三六年七月　南光社刊

文庫化にあたっては、『牧野富太郎選集』（全五巻、一九七〇年　東京美術刊）を底本としました。

右に収録のない「満洲国皇室の御紋章と蘭」「日本の桜と西洋の桜」「植学の語は日本にて作り植物学の語は支那にて製す」「味噌、糞の見さかいもなき園芸家」の四篇については、元本を底本としました。なお、『選集』で一部割愛された箇所については、元本の記述に戻しました。また、各篇の表題は、元本にしたがいました。

元本の正字は新字に、旧かなは新かなに改め、『選集』の表記に準じて、一部の漢字はひらがなに変更しました。また、適宜ルビと句読点を追加しました。明らかな誤植と思われる箇所は訂正しました。

本文中に、今日の人権意識に照らして不適切な語句や表現が見られますが、執筆当時の社会的・時代的背景と作品の文化的価値、著者が故人であることを考慮して、そのままとしました。

中公文庫

随筆草木志《ずいひつそうもくし》


2023年2月25日　初版発行
2023年6月25日　再版発行

著　者　牧野富太郎《まきのとみたろう》

発行者　安部順一

発行所　中央公論新社
〒100-8152　東京都千代田区大手町1-7-1
電話　販売 03-5299-1730　編集 03-5299-1890
URL https://www.chuko.co.jp/

DTP　平面惑星
印　刷　三晃印刷
製　本　小泉製本



©2023 Tomitaro MAKINO


Published by CHUOKORON-SHINSHA, INC.
Printed in Japan　ISBN978-4-12-207328-9 C1195



定価はカバーに表示してあります。落丁本・乱丁本はお手数ですが小社販売部宛お送り下さい。送料小社負担にてお取り替えいたします。

●本書の無断複製（コピー）は著作権法上での例外を除き禁じられています。また、代行業者等に依頼してスキャンやデジタル化を行うことは、たとえ個人や家庭内の利用を目的とする場合でも著作権法違反です。

# 中公文庫既刊より

各書目の下段の数字はISBNコードです。978－4－12が省略してあります。

つ-34-1
**漱石の白百合、三島の松** 近代文学植物誌　塚谷裕一
虞美人草、スイートピーから紅茸まで、文豪は植物をいかに描写してきたか。広大な文学作品の森に息づく草花を植物学者の視点で読み解く。〈解説〉大岡　玲
207218-3

い-104-1
**近代科学の源流**　伊東俊太郎
四～一四世紀のギリシア・ラテン・アラビア科学を統一的視野で捉え、近代科学の素性を解明。科学史の忘れられた一千年の空隙を埋める名著。〈解説〉金子　務
204916-1

い-107-1
**天文台日記**　石田五郎
岡山天体物理学観測所の副台長であった著者による天文台日記。星に憑かれた天文学者たちの天文台での観測生活が、その息遣いとともに感じ取れる一冊。
204318-3

く-27-1
**遥かなる山旅**　串田孫一
山に登り自然の中に身を置くことで、自らとの対話を続けた思索家の、山エッセイ・ベストセレクション。『山歩きの愉しみ』改題。〈解説〉高丘　卓
206526-0

ち-8-1
**教科書名短篇** 人間の情景　中央公論新社 編
司馬遼太郎、山本周五郎から遠藤周作、吉村昭まで。人間の生き様を描いた歴史・時代小説を中心に中学教科書から厳選。感涙の12篇。文庫オリジナル。
206246-7

ち-8-2
**教科書名短篇** 少年時代　中央公論新社 編
ヘッセ、永井龍男から山川方夫、三浦哲郎まで。少年期の苦く切ない記憶、淡い恋情を描いた佳篇を中学教科書から精選。珠玉の12篇。文庫オリジナル。
206247-4

ち-8-9
**教科書名短篇** 家族の時間　中央公論新社 編
幸田文、向田邦子から庄野潤三、井上ひさしまで。かけがえのない人と時を描いた感動の16篇。中学教科書から精選する好評シリーズ第三弾。文庫オリジナル。
207060-8

ち-8-10
## 教科書名短篇 科学随筆集
中央公論新社 編

寺田寅彦、中谷宇吉郎、湯川秀樹をはじめ、岡潔、矢野健太郎、福井謙一、日高敏隆七名の名随筆を精選。国語教科書の名文で知る科学の基本。文庫オリジナル。

207112-4

て-8-1
## 地震雑感／津浪と人間 寺田寅彦随筆選集
寺田寅彦
千葉俊二
細川光洋 編

寺田寅彦の地震と津浪に関連する文章を集めた。地震国難の地にあって真の国防を訴える警告の書。小宮豊隆宛震災絵はがき十葉の図版入。〈解説・註解〉千葉俊二・細川光洋

205511-7

て-8-3
## 漱石先生
寺田寅彦

自他共に認める別格の弟子が文豪の素顔を親愛の情を籠めて綴る。高等学校での出会いから周辺に集う人々まで。文庫オリジナル。〈巻末エッセイ〉中谷宇吉郎

206908-4

と-38-1
## 文化としての数学
遠山啓

人類と数の出会いからの歴史や初等教育での数の抽象化の難しさなどを平明に説き、人の営みと数学の関わりを語る格好の数学入門。〈巻末エッセイ〉吉本隆明

207113-1

と-38-2
## 数学と人間
遠山啓

数学おそるるにたらずと唱える著者による数学入門。『数学は変貌する』に「数学と人間」ほか二篇を増補し改題。大岡信の弔詩、森毅「異説遠山啓伝」を収録。

207284-8

の-4-11
## 新星座巡礼
野尻抱影

日本の夜空を周る約五十の星座を、月をおって巡礼する、著者の代表的天文エッセイ。大正十四年に刊行された処女作をもとに全面的に改稿した作品。

204128-8

の-4-12
## 星戀
野尻抱影
山口誓子

山口誓子の句に導かれ、天体民俗学者・野尻抱影が紡いだ星の随筆。星を愛する二人の思いが天空で交差する、珠玉の随想句集。

206434-8

の-4-13
## 日本の星 星の方言集
野尻抱影

星の文人・野尻抱影がライフワークとして収集した星の和名七百種の集大成。四季の夜空をいろどる珠玉の星名を紡ぐ。〈巻末エッセイ〉松岡正剛〈解説〉石田五郎

206672-4

各書目の下段の数字はISBNコードです。978－4－12が省略してあります。

**の-18-1**
## まるさんかく論理学　数学的センスをみがく
野崎昭弘

「珍しい数」ってなに？　どうして鏡は上下逆さまにならないの？　日常の謎やパズルの先に広がる豊かな〝論理〟の世界へいざなう、数学的思考を養える一冊。

207081-3

**ま-34-3**
## 花鳥風月の科学
松岡正剛

花鳥風月に代表される日本文化の重要な十のキーワードをとりあげ、歴史・文学・科学などさまざまな角度から日本的なるものを抉出。〈解説〉いとうせいこう

204382-4

**ま-34-4**
## ルナティックス　月を遊学する
松岡正剛

月的なるものをめぐり古今東西の神話・伝説・文学・芸術を縦横にたどる「月の百科全書」。月への憧れを結晶化させた美しい連続エッセイ。〈解説〉鎌田東二

204559-0

**み-39-1**
## 哲学ノート
三木　清

伝統とは？　知性とは？　天才とは何者か？　指導者はどうあるべきか？　戦時下、ヒューマニズムを追求した孤高の哲学者の叫びが甦る。〈解説〉長山靖生

205309-0

**み-39-2**
## 三木清　戦間期時事論集　希望と相克
三木　清
長山靖生編

不況にあえぐ国民が軍部の暴走に同調する中、現実に寄り添いながらも理想を捨てなかった三木清の時事随想を収録。気骨のある精神と生き方に学ぶ。

207184-1

**や-73-1**
## 暮しの数学
矢野健太郎

絵や音楽にひそむ幾何や算数など、暮しのなかに出てくる十二の数学のおはなし。おもしろく読めて役に立つ、論理的思考のレッスン。〈解説〉森田真生

206877-3

**ゆ-7-1**
## 科学者の創造性　雑誌『自然』より
湯川秀樹

物理学を志した学生の日の回想から国際科学史会議の講演まで。科学雑誌『自然』掲載の随筆と講演を集成。文庫オリジナル。〈巻末対談〉水上　勉・湯川秀樹

207131-5

**よ-33-6**
## 養老孟司の幸福論　まち、ときどき森
養老孟司

まちに集中する人ともの。このままで本当に良いのだろうか……？　現代人に警鐘をならし、ユニークな視点でほんとうの豊かさを考え直す、養老流の幸福論。

206140-8